京友禅 千總

CHISO

450年のブランド・イノベーション

長沢伸也・石川雅一――著

Nagasawa Shinya / Ishikawa Masakazu

同友館

写真上／吉祥文様「束熨斗（たばねのし）」の振袖。色とりどりの熨斗が左肩で束ねられたデザインのこの友禅は、江戸時代の同じ文様の振袖（重要文化財：京都国立博物館所蔵）を千總が現代に再現製作したものである。
写真提供：株式会社 千總

写真右／千總本社の特設会場に飾られた振袖の数々。「はんなり」とした雰囲気が漂う。

友禅染めの主な工程

工程順①

図案。図案は、友禅の最初の工程である。原本を参考にしながら、最終製品（きもの）の約半分の大きさの雛形に木炭で柄を描いていく。ここで描いているのは、千總のデザイナー。（千總本社の図案室にて）

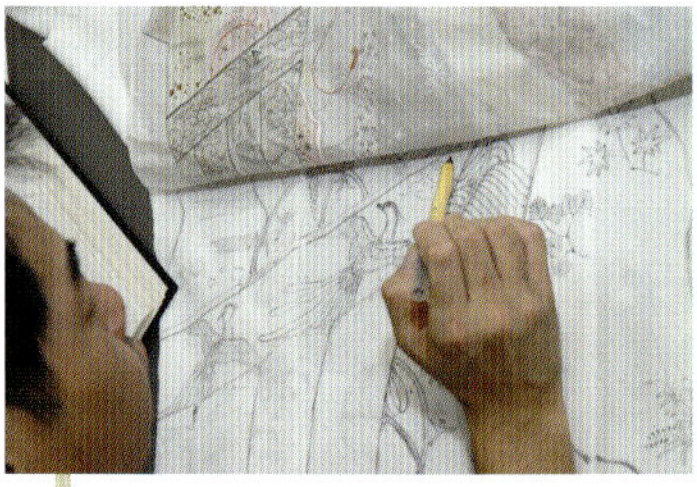

工程順②

下絵。白生地をきものの形に仮縫いした仮絵羽（かりえば）に、きものの半分のサイズの図案を元に、青花（あおばな：露草の一種の花を摘んで絞った自然の青花や化学青花）できものと等倍で下絵を描く。図案と寸分違えずに描くというよりも、仕上がったきものの柄の全体構成を勘案しつつ、仮絵羽のちょうど良い場所に見所が来るように描いていく。ここで描いているモチーフは吉祥文様「尾長鳥」。（染工房 髙橋徳にて）

工程順③

下絵（したえ）の後の糊置き（のりおき）の工程。口金から絞り出した糸目糊（いとめのり）が防染の役目を果たして絵の輪郭となる。最終的にきものに線として残るのはこの糸目糊の線なので、均一な太さで繊細かつ伸び伸びとした糸目糊が置けるかどうかが友禅の仕上がりを左右する。（染工房 髙橋徳にて）

工程順④

糊置きの後の伏せ糊の工程。糸目糊の中の絵柄の中を周囲の地色から防染する目的で、もち米から作った糯糊（もちのり）で伏せて（マスキングして）いく。伏せ糊の後で、糯糊が乾かないうちに挽き粉（ひきこ：微細なおがくず）をかけて糊が他の部分に付くのを防ぐ。生地の下側に見えている竹が、生地を伸張させる伸子（しんし）。（染工房 髙橋徳にて）

工程順⑤

色挿しの工程。地染め（じぞめ）が終わり、染料を繊維に定着させる「蒸し」と糊と定着しなかった余分な染料を洗い流す「水元」を経て、この色挿しの工程となる。たくさんの染料液と多種多様な筆を使って色を挿す。（染工房 髙橋德にて）

工程順⑥

色挿し（いろさし）は、染料液の不必要な浸潤を抑えるために、生地を火鉢（電熱器）にかざしながら色を挿す。取材した日は祇園祭の候で最も暑い盛りだった。火鉢を使う色挿の作業は夏は大変だ。（染工房 髙橋德にて）

工程順⑦

仕上げ友禅：糸目糊なしで描いていく。極めて高度な技と卓越した芸術的感性が要求される、友禅の仕上げの工程。（染工房 髙橋德にて）

工程順⑧

印金（いんきん）。印金とは、友禅の工程が仕上がった後に、金箔を絵柄の一部に貼る作業である。黄金の輝きで、京友禅の華やかさと豪華さが弥増す。印金は、ゴールドを入れたい部分に糊を置き、金箔を載せて圧着する。しかるのちに、ブラシで余分な金箔を掃き落とす。この柄は、吉祥文様「束熨斗（たばねのし）」である。（染工房 髙橋德にて）

写真上／パリコレで世界的に有名なデザイナーのヨウジヤマモト（Yohji Yamamoto）が、千總の友禅柄を用いてデザインした服。
写真提供：株式会社 ヨウジヤマモト
© Yohji Yamamoto Inc.
Yohji Yamamoto 2004-05AW

写真左／京都の千總本社1階に造られた、坪庭を望む伊右衛門サロン。和のイメージを大切にしたい千總とサントリーの双方の思惑が一致して出店が決まった。

まえがき

祇園精舎《ぎおんしょうじゃ》の鐘の聲《こえ》、諸行無常《しょぎょうむじょう》の響《ひび》き有り。沙羅双樹《さらそうじゅ》の花の色、盛者必衰《じょうしゃひっすい》の理《ことわり》を顕《あらわ》す。奢《おご》れる人も久しからず、只《ただ》春の夜の夢の如《ごと》し。猛《たけ》き者も終《つい》には亡《ほろび》ぬ、偏《ひとえ》に風の前の塵《ちり》に同じ。［平家物語］

永らく世界一の自動車メーカーとして君臨した創業１００年のＧＭは２００９年に経営破綻した。ＧＭに代わり王者となったトヨタは、２０１０年に米国で相次いだ品質問題で、「品質のトヨタ」として輝き続けてきたブランド価値を少なからず毀損してしまった。

かつてのソニーの商品開発とデザインには、明らかに「ソニーらしさ」があり、それは「ソニーデザイン」と呼ばれた。米アップルのカリスマ創業者スティーブ・ジョブズ氏は「ウォークマン」を生み出した故盛田昭夫氏に影響され、サムスン電子はソニーに追いつき追い越すようなブランド評価を確立することを目標とした。そして、ここ数年のソニーは、端的にいえば、デジタル情報機器はアップルの「iPod」「iPhone」「iPad」にやられ、薄型テレビは韓国サムスン電子にやられて、業績低迷に揺れている（長沢伸也編『デザインマインド・マネジャー―盛田昭夫のデザイン参謀、黒木靖夫―』日本出版サービス)。

このような例に限らず、今ほど企業やブランドの永続が求められている時代はない。

こうしたなかで、なんと、創業から455年を経過して永続し続けている企業が京都にある。それが、「千總《ちそう》」という非上場企業である。千總がつくっているのは、「友禅《ゆうぜん》」、つまり、「和装きもの」である。「千總」は、一般の人々には知名度が低いものの、きもの好きの女性ならば知らない人がいないくらいの圧倒的な支持を得ている高級ブランドである。

老舗企業は歴史が長いからといって、それに胡坐《あぐら》をかいてはいない。革新(イノベーション)の連続が伝統になる、だから革新に真正面から取り組むことこそが、「伝統と革新」の真の意味であろう。「その企業らしさ」や伝統を経営資源として、現代にマッチするように革新していく創造性がある。この点については、創業100年のシャネルや同156年のルイ・ヴィトンのような、欧州を代表する老舗でもある世界的ラグジュアリーブランドと変わらない(長沢伸也編著『シャネルの戦略』『ルイ・ヴィトンの法則』以上、東洋経済新報社)。ここに一般企業にも通じるブランド戦略の本質があるのではないか。

この京都の老舗企業を、特殊な事例として看過しないでいただきたい。千總には、あらゆる業種の企業が参考にすべき、永続のための秘密がちりばめられているからである。

京都、恐るべし。千總、恐るべし。ここに、企業永続のための秘密の扉を開くとしよう。

○本書の特徴

本書の特徴は以下の5点である。

（1）ケーススタディの対象企業として、450年を超えて永続してきた企業である「千總」を取り上げ、その成功要因を徹底的に分析・検討していること。このような超長寿命・超老舗企業について著した本は数少なく、和菓子や羊羹の「虎屋」くらいのものであろう（長沢伸也・染谷高士共著『老舗ブランド「虎屋」の伝統と革新』晃洋書房）。また、「きものといえば友禅」、「友禅といえば千總」といわれるほどに和装愛好家の間では有名な企業であるにもかかわらず、千總については、雑誌記事を別とすれば、第15代夫人の西村昌子取締役が著したエッセイ（『京都、女の辛抱―京友禅四五〇年美しきものを受け継ぐ』幻冬舎）くらいしかなく、千總の経営を分析した本は皆無である。

（2）企業研究にあたっては、対象企業の全面的なご協力をいただき、社長をはじめ経営トップへのヒアリングに基づいた実証的なものであること。

（3）ケースの記述には極力、ヒアリングでの生の発言を活かし、その熱い想いを読者にストレートに臨場感豊かに伝える内容になっていること。

（4）老舗企業や長寿かつユニークな京都企業を取り上げた書籍は多いが、家訓などの経営哲学、番頭制度などの人材育成、無借金などの堅実経営が中心であった。これに対して、老舗の商品に注目した経験価値創造、市場地位（マーケット・ポジション）、経営資源に注目したリソース・ベースト・ビュー、マーケティング環境分析といった各視点から多面的に分析した例は極めて少ないこと。

（5）2008年以降のサブプライムローン問題やリーマン・ショックによる経済不況は「百年に一度の危機」と形容されるが、「百年に一度の危機」を数回は経験し乗り切って455年間も永続してきた千總の対処法に学ぶべき点が多いこと。

○本書の想定読者

本書の対象とする読者は、以下の方々を想定している。

（1）企業経営、特にイノベーションや経済危機への対処方法に興味を持つ企業経営者およびマネジャー
（2）ブランド価値や顧客価値を高めたい企業経営者およびブランドマネジャー
（3）企業の商品開発・製造・マーケティング・デザイン各部門の担当者
（4）ブランド、デザイン、マーケティング等のコンサルタント
（5）経営戦略（MBA）、技術経営（MOT）を学ぶ学生

（6）ベンチャー企業・中小企業の経営者およびこれらを学ぶ学生
（7）京都、京都企業、老舗企業に関心のある一般市民およびこれらを学ぶ学生
（8）伝統産業関係や地域経済担当の行政関係者
（9）伝統産業、特に和装きものに関心を持つ一般市民およびこれらを学ぶ学生
（10）カフェや飲食業関係の経営者・ビジネスマン、伊右衛門サロンに興味を持つ人々

○本書の成立経緯

著者の長沢は、立命館大学在職時の8年間京都鉾町に住み、京都企業に詳しく、京菓子「末富」や香老舗「松栄堂」を取り上げた著書（長沢伸也編著『老舗ブランド企業の経験価値創造』同友館）も著している。また、前述のように「虎屋」や各地の地場・伝統産業も取り上げている（長沢伸也編著『地場・伝統産業のプレミアムブランド戦略』同友館）。また、共著者の石川雅一は、ジャーナリスト（元NHK記者等）で京都西陣に5年間住んだこともあり、長沢と同様に京都通である。しかも、京都の染色業界を詳細に取材した経験を持ち、現在は美容と着付け関連の企業を経営しており、和装きものにも縁が深い。

本書は、長沢が早稲田大学ビジネススクールにおいて「デザイン&ブランドマネジメント」を担当し、講義で前掲書をケースブックとして活用したことに端を発する。これを受

講し優秀な成績を修めた社会人大学院生の石川から、京都老舗企業の経営書を著したいとの提案があり、互いの京都の縁も感じた長沢も快諾した。老舗が多い京都でも創業450年を超える千總は別格であったが、ご縁もあって取材の機会を得て本書が出来上がった。

本書の企画と参考資料の執筆は長沢があたり、写真撮影と本文の執筆は石川が担当し長沢が補ったが、内容や構成は両者が等しくその責めを負っていることは言うまでもない。また、千總・西村社長らトップが語った珠玉の言葉を中心に、著者らがまとめたり解説をしているが、彼らの真意が伝わっていなかったり、損なっていたりしたとすれば、著者らの力量の限界である。

最後に、千總が次なる何世紀も繁栄し永続することを祈念するとともに、千總に代表される日本のきものという民族衣裳文化が、無国籍ではなく国や民族の独自性を尊重する真の国際化のためにも、歴史の誇りとして次世代に受け継がれていくことも祈ってやまない。

2010年　祇園祭で華やぐ京都にて

著者を代表して　長沢　伸也

本書は日本学術振興会科学研究費補助金基盤研究(B)21330101の成果の一部である。

株式会社千總の概要

創業	1555年（弘治元年）
株式会社としての登記	1937年12月（昭和12年）
営業種目	染呉服製造卸
本店住所	〒604-8166　中京区三条烏丸西入御倉町80
資本金	2億800万円
大株主	西村總左衛門10.5％、西村光史10％、従業員持株会5.4％
上場区分	非上場
代表者	西村總左衛門（15代目）
役員	仲田保司、西村昌子、村上哲次、大島和道、柴山真一、礒本延
取引銀行	三井住友（京都）、京都（本店）、みずほ（京都中央）、日本政策金融公庫
支店事業所	東京店（東京都中央区日本橋大伝馬町1－1）
仕入れ先	美雲織物、辻井、野橋、江一
販売先	高島屋、三越、大丸松坂屋百貨店、伊勢丹、阪急阪神百貨店、東急百貨店、近鉄百貨店、西武百貨店
売上高	24億6,000万円（2010年3月期）
従業員数	90名（2010年3月末現在）
URL	http://www.chiso.co.jp/

出典：『平成21年版　東商信用録（近畿・北陸版）』、東京商工リサーチ、2009年、および、『第90版　帝国データバンク会社年鑑』、帝国データバンク、2010年

目次

京友禅「千總」——450年のブランド・イノベーション

写真はすべて石川雅一による撮り下ろし（一部、千總スライドの接写を含む）

1　サントリーの伊右衛門サロンが千總に出店した理由

京都市中京区《なかぎょうく》三条通《さんじょうどおり》烏丸《からすま》西《にし》入《い》ルという住所を、京都の町衆の力を見せつけてきた祇園祭の山鉾建てでいうと、そこは、鈴鹿山《すずかやま》、役行者山《えんのぎょうじゃやま》、黒主山《くろぬしやま》が建つあたりの中ほどに位置する。その場所に、京都で４５０年以上にわたって延々と継続してきた友禅きものの老舗、「千總《ちそう》」の本社ビルがある。

建物の外観は、この界隈によく建つ近代的な鉄筋コンクリートのオフィスビル建築であるが、敷地内には「坪庭《つぼにわ》」というには大きめの日本庭園もある。この本社ビルの1階に２００８年6月、サントリーの「伊右衛門」ブランドを冠に付けたカフェ、「ＩＹＥＭＯＮ　ＳＡＬＯＮ　ＫＹＯＴＯ」（伊右衛門サロン）がオープンした。

きものの老舗の1階、緑豊かな庭園に臨む広い空間に、サントリーブランドのカフェができたことに、多くの人々が驚かされた。きものにカフェ、この2つは、一見、直接的には結びつきそうにはなかったからである。

しかし、よくよく考えてみれば、「伊右衛門」というブランドは、コーヒーではなく、日本古来の緑茶のブランドであり、しかもまた京都福寿園という京都ブランドをダブルネームとして使った商品であることからいえば、実際には、シナジーは存在するのである。

カフェラウンジ「IYEMON SALON KYOTO」は、サントリー株式会社（本社／大阪市北区、代表取締役社長 佐治信忠（当時））とカフェ・カンパニー株式会社（本社／東京都渋谷区、代表取締役社長 楠本修二郎）とが共同開発した店舗であり、京都に場所を探していたサントリーとカフェ・カンパニーが、千總という老舗の歴史を知れば知るほどに、この場所でやりたいと意欲を燃やしたという経緯があるらしい。

カフェ・カンパニーは、伊右衛門サロン開店のときに、次のように発表している。

「2004年にサントリーが発売した『伊右衛門』は、発売以来、老舗茶舗のお茶を通じ、日本が大切にしてきた豊かな生活文化の素晴らしさや愉しみを一人でも多くのお客様にお伝えするべく、さまざまな活動を行っております。さらなる日本茶の愉しみ方を広げるべく、当社はサントリーと共同で、日本古来のお茶の伝統文化をベースにモダンの要素を融合させた〝お茶を通じた新しいライフスタイル〟を提案する店舗開発に取り組みました。当店は、京都・三条烏丸にある京友禅の老舗・株式会社千總（本社／京都府、代表取

締役社長　十五代・西村總左衛門）の本社ビル１階にオープンいたします。日本茶のふるさとでもあり、また、この地に創業した福寿園とサントリーが共同開発した『伊右衛門』にとって、特別な場所である京都から、〝お茶を通した新しいライフスタイル〟を発信していきます」

つまり、京緑茶老舗と京友禅老舗とのイメージの重なりを強く意識しているのである。

また、千總の側からいえば、バブル以前の業績絶頂期に立派な本社を建てたものの、１９９０年代初頭に起きたバブルの崩壊とその後の景気低迷できもの需要が長期的に落ち込み、空いてしまったスペースを有効活用することを検討していた。さらに、①創業４５０年記念として、京都文化博物館で千總の収集した資料を

展示した「千總コレクション 京の優雅小袖と屏風」がたいへん好評であり、常設している千總ギャラリーの来場者を増やしたかったこと、②素晴らしい庭を多くの方に鑑賞してもらいたかったこと、といった理由もあった。しかしながら、総務が入っていた1階のスペースに手を入れて貸店舗とするとしても、ビルの顔になる1階部分を、同じ飲食店であっても、高級友禅のイメージを壊すことにつながりかねないようなテナントや、和風文化とは正反対の欧風イメージが強いところには貸したくないという本音があったのである。

こうして、千總とサントリー&カフェ・カンパニーという両者の思惑の一致を経て、伊右衛門サロンは、450年の京友禅の老舗にオープンしたのであった。

この伊右衛門サロンの高い吹き抜け部分の上方へとつながる階段を上ると、そこには千總ギャラリーがある。千總は、450年以上の歴史のなかで、長く友禅のデザインを創作することに携わってきたので、意匠見本として、小袖などのきものや屏風絵などを精力的に蒐集してきたのである。こうした多くの収蔵品を展示する場所として、千總ギャラリーが一般に公開されている。

無料公開とはいえ、かつては本社の事務所前を通って入らなければならなかったため、一般の人はかなり入りにくい感じだったが、伊右衛門サロンができてからは、喫茶のついでに2階へと上がって、気軽にギャラリーを見学していく人が増えたという。友禅の文化を広く世に発信していくという千總の願いは、その意味でも、伊右衛門サロンの開店で加速することを得たのである。

いわば、カフェのスペースのオーナーと店子の関係であった両者が、商品でもコラボレーションをした。2009年秋に限定出荷された「伊右衛門　秋の茶会　宇治碾茶《てんちゃ》の旨み」である。千總の友禅柄が美しいガラス瓶入りで、中身は一緒だが友禅柄の異なる2種類があり、1本360ミリリットルが498円という、プレミアム茶である。伊右衛門のレギュラータイプが1本500ミリリットル入りで150円であるから、単純計算すると単位当たりで約4・6倍もすることになり、非常に高価である。これを見た人は千總の友禅柄の美しさにまず感嘆し、旨みが濃厚な碾茶の味に皆、「おおーっ」と声を上げる。
容器のガラス瓶には次のように記されている。

「図柄協力 ㈱千總
秋の茶会を彩《いろど》る柄
創業450年、京友禅の老舗「千總《ちそう》」の職人が、門外不出の友禅見本裂《ぎれ》をもとに描き下ろしました。秋のお茶席を彩ってきた、「紅葉」「白玉椿《しらたまつばき》」の美しさをお愉しみください。
宇治伝統の技術「覆下栽培《おおいしたさいばい》」でつくった、旨みたっぷりの茶葉。その覆い茶を贅沢に使いました。ひと夏寝かせ、じっくりと低温で淹《い》れた宇治碾茶《てんちゃ》の濃厚な味わいを少量ずつお愉しみください。」

コンビニを中心に販売し、サントリーがTVコマーシャルを放映したこともあり、瞬く間に完売した。完売後も購入希望客からの問い合わせが多かったとのことである。このコラボレーションは非常にインパクトがあり、成功裡に幕を下ろした。

◇千《ち》總《そう》経営陣へのインタビュー

西村：十五代　西村總左衛門・取締役社長
（写真・右手前）

仲田：仲田保司・常務取締役
（同・中央）

礒本：礒本延・取締役
（同・左奥）

聞き手
長沢伸也
石川雅一

場所：京都市中京区　千總本社

インタビュー（1）　伊右衛門サロンについて

伊右衛門サロンは、どのようにして千總と結びついたのかについて西村社長に尋ねたところ、次のような回答であった。

西村　このビルができたのが、平成元年（1989年）。ちょうどバブルの最中ですかね。会社としても一番いい時期で。これからまだどんどん伸びるやろということで、当時としてもかなり大きいものを建ててるんで。それからバブルが崩壊して、（業績が）ストーンと落ちたもんで、商売も小さくなったし、社員も減ってきて、空いたスペースもだいぶあったので、そのスペースを有効利用ということで考えたというか、始めたというか。

うちとしても、店舗として有効利用もと考えたんですけれども、それよりもやはり、どこかに賃貸でお貸ししようということで、いろいろ探してたんですけれども、最後にサントリーさんのほうから、お声がかかりまして。「伊右衛門」というイメージからして、うちはこんなとこやし、どうかいな思って、いろいろとお聞きして。歴史と文化の出会いいうことなので、それじゃあいいんじゃないかいうことで。

「伊右衛門」がサントリーのブランドであるとおり、伊右衛門サロンのバックには当然サントリーの存在があるが、伊右衛門サロンを直接運営しているのは、カフェ・カンパニーという東京の会社である。そこが、たとえば、創業萬延元年（1860年）の老舗・宇治茶の祇園辻利《ぎおんつじり》が「茶寮都路里《さりょうつじり》」を直接経営しているのとは異なっている点である。

仲田　サントリーとカフェ・カンパニーの店舗コンセプトが一致したと聞いています。だからカフェ・カンパニーが（サロンを）運営していると。

西村　うちとしては、サントリーさんと契約をして、で、サントリーさんがそのカフェ・カンパニーさんに、営業を依頼して。そこで、ブランドは伊右衛門で、お茶が福寿園と。みんな違うんですけども、それがうまいこと、いきまして。

伊右衛門サロンで出される水出しの抹茶入り煎茶は、鮮やかな緑色とその香り高い風味に、さすがは伊右衛門のブランドを掲げているだけあると思わせる。その和のテイストが、大きな窓から見える千總の和風庭園と極めてよくマッチしている。
しかし、逆にいえば、これが伊右衛門ではなく、ドトールとかマクドナルドといったような洋風の外食チェーン店だったならば、どうだったのであろうか。千總は、そういう店が申し入れてきたとしたならば、テナントとして迎え入れる気はあったのであろうか。なかったのであろうか。その点について訊いてみた。

西村　いや、たぶん、（迎え入れることは）してないと思いますけどね。

――千總の自社ビルに外食のテナントを入れるとしても、やはり和のものにこだわりたいということが、西村社長の心のなかにあったのでしょうか？

西村　というか、既存のものはイヤでしたね、イメージからして。もうすでに出来上がっているものですから…。それで、うちのイメージに合わせられるものということで…で、伊右衛門と。いろんな話をしているうちにそういうことになってきたものですから。

――伊右衛門サロンはいわば第一号店であり、初めて出店する店舗だから、よいだろうということだったのですか？

西村　まあ、向こうがもし、いろんなチェーン店があった場合は、それにもう完全に染まってますわね。それをうちのアレ（イメージ）に合わせようということだと、それなり

の無理がありますので、そこは困ったなと思っていたんですけれども。初めてだということなんで、まあ、うちとしても…。

――千總のイメージに合わせられるということで、店舗を決定したということでしょうか？

西村　千總のイメージ？　そうそう、そうですね。

伊右衛門サロンから階段を上っていった2階には、千總グループの「あーとにしむら」が企画運営する物販コーナーがあり、千總の友禅柄を生かしたさまざまな小物等が売られているが、1階の伊右衛門サロンの入り口を入った右側にも小物が展示販売

されている。

――1階で売られている小物も「あーとにしむら」による企画販売なのですか？

礒本　あれは伊右衛門サロンの物販です。あのなかにも、うちの生地を入れさせてもらって、茶器のコースターとか、そういうものでコラボレーションというか、取り入れてもらっていますけれども。

初めての伊右衛門サロンを、450年以上の歴史を持つ友禅の老舗・千總のなかに出店するということは、さすがはサントリーだけあって、目利きがうまかったという感を多くの人が持つかもしれない。しかし、懸念がまったくないわけでもなかった。それは、三条通も、烏丸《からすま》通を西に越えると、大きな人の流れがなかなか千總の本社ビルの辺りまでは来ないという事実がある。

ただ、その点でも変化の芽があることはある。千總本社ビルの向かい側に、「歴史的建築物」および「まち」のリノベーションを目指して、大正9年（1920年）建築の珍しい木造の洋館が、当時の「文明開化」然としたクラシックなファサードの威容をそのままに、ショッピングビルとして再生されたのである。そのなかには、インテリアショップ、ヘアサロン、エステティックサロン、イタリア料理店やアクセサリー雑貨店などが入っている。

仲田　文椿《ふみつばき》ビルヂングのことですね。昔のうちのビルですよ。

西村　その昔々、戦前のころ、貿易のほうもやってまして、そっちのビルを使っていました。

――文椿ビルヂングができたから、烏丸通を越えても、結構、人が歩いて来るという吸引

力が千總周辺に生まれつつありますね。

西村　まあだんだんこっちへ、烏丸を渡るようになってきましたんでね。

仲田　そのへんは…（確かにそういう感じはあります）。

西村　伊右衛門サロンができてから、より一層増えたと思うんですけども。別に増やそうとか、そういうことでやったんではないんです。

仲田　サントリーさんは、すごくマーケティングをされてくるわけですね。僕らの知らないときにもう、うちの前をどういう人が通っているとか、そういう調査をして、うちとの交渉に臨んでくるわけですね。今までは、こちら側は問屋だったから、もう、知ってる顔しか歩かないんですよね。「あ、あそこの人が来たな」とか、「帰ったな」とかね。ところが、マンションが建ちましたから、一般の住民の方が行き来するようになった。なおかつ、スターバックスができて、あそこまでは（人が）渡るようになった。
で、やはり、サントリーは独自性を持っているところですから、（人通りの）ないところに、自分のコンセプトの店を出して引きつけたいと。人通りのあるところに出店するんじゃなくて、きちっとそこに人を引きつけたいということがあって、「私どもは表通りよりも、ちょっと中に入ったところを探しています」とか、いろんなことをおっしゃっていましたけどね。そういった意味では、意図したとおりになっているんじゃないですかね。
でも、やっぱり環境の変化は大きいと思いますよ。問屋さんしかなかったのが、一般の住民の方が多くなってきたとかいうことが。そういうことは、サントリーさんは、すごく調べてきていましたね。

――マーケティングに長けたサントリーと450年の老舗である千總が交渉するうちに、感心したり意気投合したりすることも当然あったでしょうが、同じ関西の企業であるということ以外、企業文化が相異なる両社が、どのようにうち解け合っていったのですか？

仲田　それはもうたくさんありました。よく調べているなあということがたくさんありましたね。千總のことも然りですけどもね。初めは、私どもも（相手が）よくわからない

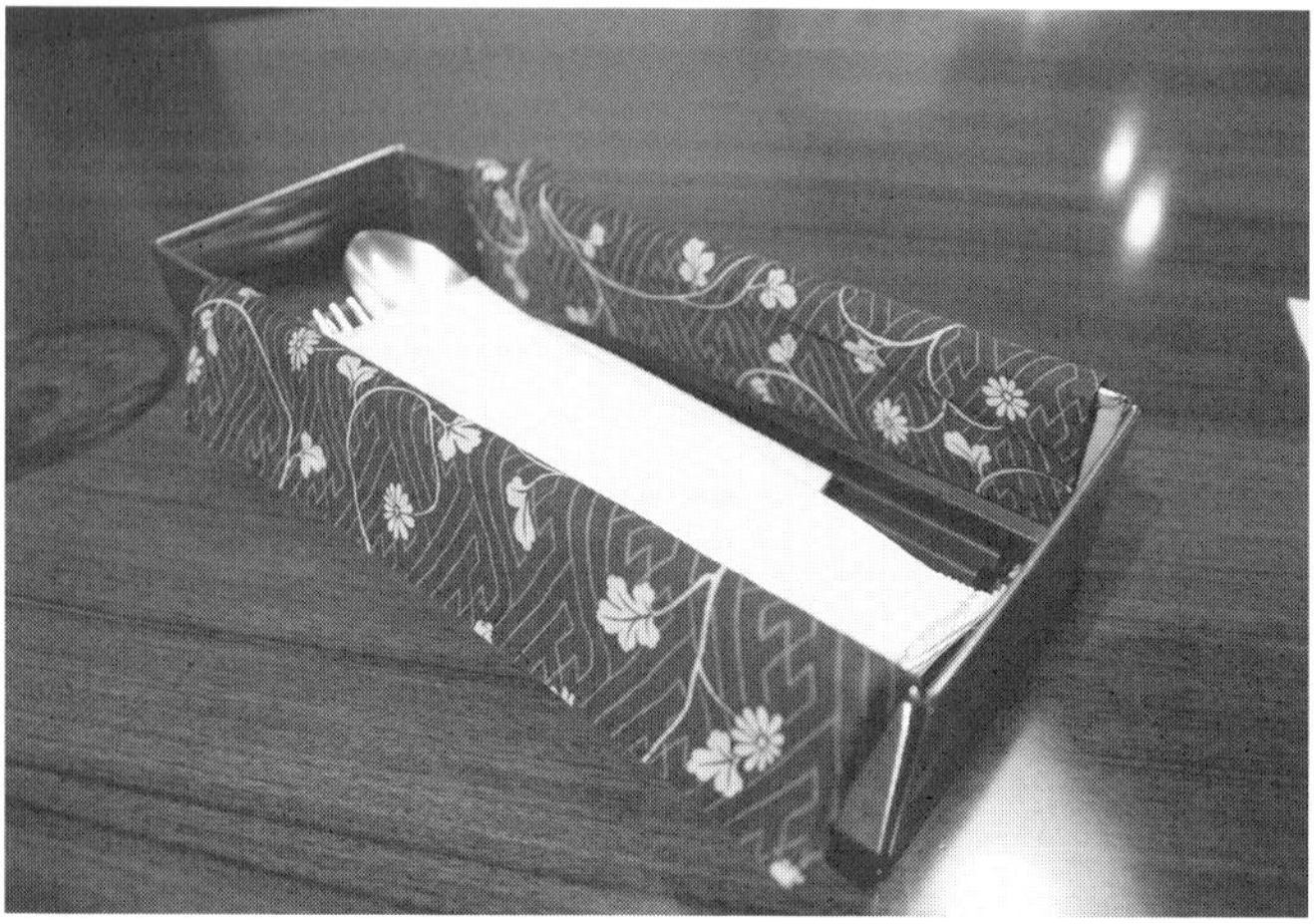

みたいな。サントリーさんもそんな感じだったんですけども、サントリーが千總のことを調べれば調べるほど、千總と何かやりたいっていう、そういう気分が向こうで盛り上がってきたからこそ、伊右衛門サロンのコースターに採用されたり、箸入れの中敷き布に千總の友禅柄を採用してくれたり、パンフレットにも千總の説明を入れてくれたりってことになってきたと思うんですけどね。

2　450年以上前、千總はどのように始まったのか

事業継続と老舗ということで話すと、2009年、世界の自動車産業を長きにわたってリードしてきた名門クライスラーに続き、王者GMも、日本の民事再生法に相当する「チャプターイレブン」を申請して、事実上破綻した。GMは、2010年で創業100年を迎えるところだった。ましてや、GMは、かつては米国経済の象徴とされたこともあった企業である。事業の規模や分野の違いこそあれ、事業を100年以上継続させるということは非常に難しいことであるのだと、誰にも実感される事実である。

千總は、創業が西暦1555年。以降、450年を超える歴史を歩んできた。一口に西暦1555年といっても、どれくらい前のことか、どんな時代のことか、にわかにはわかりにくいかもしれない。それを、千總は、比較的わかりやすい歴史上の事件を挙げて説明している。

つまり、1555年、弘治元年は、武田信玄と上杉謙信が戦った、「川中島の戦い」が

あった年だという（実際には、川中島の戦いは一回だけではなく、何次かにわたって起きている）。当時、世は戦国時代で、同年、安芸国《あきのくに》厳島では、毛利元就《もうりもとなり》と陶晴賢《すえはるかた》との合戦「厳島《いつくしま》の戦い」があった。こういう年に、千總の企業体は誕生した。

千總の「遠祖《えんそ》」は、藤原京から平城京への遷都以来、もともとは宮大工だったそうであるが、千總の初代・千切屋《ちきりや》与三右衛門は、この年、155年に室町三条できもの関係の商売を始めたのだという。とはいっても、当時はまだ友禅染は発明されておらず、友禅から始めたわけではない。お坊さんのきものである「法衣《ほうい》」を商う法衣装束業として創業したのであった。

まず、京都の地における、当世風にいうと「アパレル」産業の存在の優位性についておさらいをすると、大阪は「食い倒れの町」、京都は「着倒れの町」とよくいわれるが、大阪が「食い倒れの町」とされるのは、もともと大阪が「天下の台所」といわれるくらいに全国の食材が集まったことに由来するとされる。

そして京都が「着倒れの町」といわれてきた歴史的背景としては、京都の太秦《うずまさ》近辺には、平安京遷都よりも古い昔から渡来人の秦《はた》氏が住んでいたとされ、秦氏が日本に持ち込んだのが機織《はた》りの技術であったとされる（秦（はた）だから機（はた）と読んだとされる）。

つまり、きものづくりに関連する技術的・産業的なクラスターが、京都近辺に存在していたということが、そもそも「京都の着倒れ」文化につながっているのではなかろうか。

次に、そうした産業集積の優位性があったとしても、なぜ、千總の遠祖が、その時分に宮大工から法衣商へ「衣替え」したのかを考えてみる。

妻の実家が法衣業であったという説もあるが、問題は、そのビジネスの当時の商況である。当時は戦国時代であったことを勘案すると、宮大工が造る建造物は、戦火に遭って焼け落ちることも多くあったろうが、かといって、それを立派に建て替えることにカネは廻らなかったであろうことは想像に難くない。なぜならば、カネは戦費・軍事費優先であったろうからである。宮大工が手がけるような素晴らしく豪奢な建築にはカネをかけず、弓矢や刀や鎗《やり》や兵糧米《ひょうろうまい》にカネが最優先で使われたに違いないのである（鉄砲が日本に伝来したのは、１５４３年（天文12年）であった）。

とするならば、宮大工の商売は上がったりの時代だったのかもしれない。また、きものに商売替えするにしても、当時は、女性たちが美しく着飾ることを競い合う時代背景ではなかったのかもしれない。戦国時代とは、戦国武将たちが覇権を競い合い、各国の軍隊部隊が激突してやまない時代であるとされる。だとすると、多くの戦死者が出ることもあったであろうし、そうすると、死者を弔う僧侶たちにとっては、忙しい時代だったのかもしれない。

以上のことを考えるに、法衣商は、もしかしたら、当時にあっては、繁忙のマーケットであったかもしれないと想像できるのである。

結局、初代千切屋与三右衛門が始めた法衣業は大繁盛し、きもの製造業としてその後延々と続く礎を築いたのであった。

千總の遠祖は、商売替えをして宮大工を辞めた。しかしながら、宮大工をしていたという名残は、今も見ることができるのである。さて、ここで読者の方に質問である。千總の遠祖が宮大工をしていたという名残を、どこに見ることができるか？　想像していただきたい。

その答えは、千總の商標である。千總の商標は「千切台《ちきりだい》」とされている。千總の遠祖が、春日大社の宮大工をしていたころ、年に一度、花を生ける千切台を神前に奉納したとされる。この千切台というのは、3つの木製の台をひとつにつないだもので、その3つの台に花を生けて載せたところを上から見た形を、現在も商標として使っているのである。

（注：この商標は、千總のホームページで見ることができる。http://www.chiso.co.jp）

千總の初代千切屋与三右衛門は、法衣商で礎を築いたが、お坊さんの衣裳だけから脱して、華やかな衣裳へと進出したのが、第四代千切屋惣左衛門であった。第四代は、金襴《きんらん》巻物を事業分野に加えたのであった。

なぜ、第四代は、艶やかな金襴ものに進出したのか。当時の時代を見ると、貞享から元禄（1684〜1703）にかけての時期である。尾形光琳による琳派《りんぱ》が生まれ、本阿弥光悦《ほんあみこうえつ》や野々村仁清《ののむらにんせい》による陶芸が出てきたのもこのころであり、商人を中心とする庶民層が文化の担い手として勃興した時期であったとされる。

つまり、金融資産を蓄財した中産階級が地位を向上させ、文化的にもパトロンとなりえた時代といえるのではなかろうか。つまり、上方《かみがた》を中心とする商人の勃興を梃子にして、そこをマーケットとして見据えて、第四代は中産階級が好む艶やかな商品に進出したのではなかろうか。…という仮説が導かれるのである。

友禅が登場してくるのは、その後だが、第四代が進出した色鮮やかな金襴ものの延長線上に、

友禅があるように思える。
　友禅をつくったのは、宮崎友禅（宮崎友禅斎ともいう）であるが、宮崎友禅が住んでいたのは、京都の知恩院のすぐ近くであった。知恩院は、巨大な城門のような三門《さんもん》が、初めて訪れた人を驚かす。何度訪ねても、石段の上にそびえ立つ三門の威容は印象的である。
　その三門と、寺院にしては物々しすぎる城壁のような石垣から、幕府が京都におけるいざというときの兵力立て籠もりの拠点として、二条城の次に知恩院を想定していたのではないかともいわれている。たしかに、特別公開のときに著者が上ることができた三門の2階は、まるで、急な石段を登ってくる敵兵に向けて火縄銃を撃ったり矢を射たりするには好適な位置であり、さらに目を遠くにやると、二条城と御所が実によく見渡すことができた。市中の兵力の動きも、この三門から見たら、手に取るようにわかるように建造されたかのように思えた。

この知恩院三門の南側に、友禅苑《ゆうぜんえん》がある。友禅苑は、友禅染の始祖である宮崎友禅の生誕300年を記念して、昭和28年に造園に着手された庭園で、大きな鯉が悠々と泳ぐ池水庭園もあるかと思うと、その奥に行けば、枯山水もある。

その庭園のなかほどに、宮崎友禅の銅像が建っている。その全身像は、片膝を立てて、筆を持つ初老の友禅の像である。華奢で繊細な感じが見て取れる。友禅の優しげな視線は、筆先が向かうであろう足もとの紙面ではなく、前方の枯山水のほうに注がれている。友禅は、もともとは扇絵師だったといわれ、筆を持つ姿は、友禅絵師の姿であると同時に、扇絵師のそ

れでもある。

　宮崎友禅は、扇絵師として当時一世を風靡していた。その人気ぶりを見て、呉服屋が小袖の図案を友禅に依頼したのが、友禅染の始まりだったようである。昭和28年（１９５３年）に生誕３００年ということは、宮崎友禅は１６５３年生まれということになる。それは、初代千切屋与三右衛門が千總を創業してから、奇しくも、ほぼ１００年後の出来事であった。

　著者は、第四代が進出した色鮮やかな金襴の延長線上に友禅があるように思えると述べたが、それは、どちらも艶やかなきらびやかさに満ちているという共通点があるからである。しかし、金襴を、なぜ友禅染に変える必要があったのか。そこにはまた、歴史の時代背景が絡んでいる。

　江戸時代も、元禄の世に庶民文化の花が開いたとされる一方で、幕府は時折、奢侈《しゃし》禁止令という法令で、贅沢の取り締まりに動いた。贅沢を求める側と贅沢を封じ込めようとする側とは、追いかけっこなのである。カネを持っていれば商人でも贅沢ができて、カネがなければ将軍家直属の旗本でさえも贅沢ができず、それが見た目で誰からでもわかるとなれば、身分制度の崩壊につながりかねない。それは幕府にとっては、体制維持上、まずいことだったに違いない。

奢侈禁止令の目的は、身分によって着る物から差別することで、体制維持のための身分制度を堅持することにあったのだろう。たとえば、農民は木綿、名主の女房は紬（つむぎ：正絹と木綿の中間的な位置の織物）がOK、武士は紬も絹《きぬ》もOKだが、「派手な金糸銀糸による装飾などは駄目」とか、きものに関するレギュレーションが事細かに決められたのが、奢侈禁止令であった。

こうした奢侈禁止令という幕府の規制によって、金襴のマーケットが激減したのである。こうなると、現代のビール会社が、高い酒税を避けて発泡酒をつくる、発泡酒のなかでも、ビールにより近い美味しい風味をつくろうというのと同じような、規制の枠内での企業努力が見られるようになる。金襴がダメなら、何とか贅沢な感じ・雰囲気を、許されたレギュレーションのなかで醸し出そうとするのである。それが、白地に手塗りを施した友禅だったのであり、厳しい規制環境下で花開いた、一大イノベーションだったのである。

インタビュー（2） 法衣から友禅へ

西村 創業したときは、友禅とか、そういうことじゃなくて、「きもの」じゃなくて、「法衣商」だったんですよ。

（注：「法衣」とは、僧侶、お坊さん、尼さんが着る衣服のことである。）

友禅とか、きものになってきたのは、元禄の頃にね、その友禅染の技術が発明されて、それからきものに変わってきているわけなんで。だから明治維新の頃なんか、まだ、法衣商と半々みたいなことやっていたという話は聞いています。

――現在は、「友禅といえば千總」というくらいに、「友禅の千總」のイメージが世間一般に広まっていますが、創業当時は法衣商だとすると、「友禅の千總」というブランドイメージが、人々の頭のなかに焼き付いたのは、いつ頃でしょう？ 江戸時代からでしょうか、それとも、明治の頃でしょうか？

西村 そらもう、元禄の頃からすでに、そういうことをやってましたから。庶民の方に関しては、「友禅の千總」ということで（イメージができていた）。

そん時はね、「千總」という名前はまだなかったと思いますよ。だからね、最初、明治から大正の頃は、西村商店とか、西村總商店とか、いろんな名前がついてました。株式会社千總になったのは、昭和12年ですか。ですから、それまではまあ、「商店」ですね。

――「千總」という名前がついたのは、それに先立つ三家の分家があって、それが、「千《ち》治《じ》」、「千吉《ちきち》」、「千總《ちそう》」と分かれた史実があるとうかがっていますが…。

西村　そうです、そうです。分かれたのはそらまあ、ずいぶん前なんですけれどもね。

――3つに分かれた家。そのなかには、廃業されたところもあったのですね。

西村　「千吉」さんが廃業されたんです。

――三家は、どういうふうに分かれていたのでしょうか？　たとえば、機能的な分業体制とでもいうように棲み分けていたのでしょうか？

西村　いや、それぞれが独立してやっていますから。横の繋がりちゅうのはない。ただ、名前が、同じ「千」が付くということだけで…。

――たとえば、千總の場合は友禅ですが、千吉の場合は「白生地《しろきじ》」であったともいわれていますが。

西村　元は白生地ですけども、もう何十年も前からは、ちゃんと友禅もなさってましたし。

――「千治」も、「千總」や「千吉」と同じ友禅をやっていたのですか？

西村　もう、うちと一緒です。

さて、創業以来、450年以上も続く千總であるが、現在の西村社長は、創業者から数えて十五代目である。千總では、時に、「遠祖」という文字も使うが、遠祖という言葉は、文字どおり遠い祖先ということだとすると、初代を指すのであろうか？

西村　どういう意味なんですかね。昔の、まあ初代に近いところでしょうね。

――正確な初代の名前は、「總左衛門」ではなかった。

西村　与三右衛門《よざえもん》です。

――十五代というのは、年数の割にはちょっと少なくて、もう少し代がいってもいいんじゃないかという声もありますが…。

西村　ふ～ん、そうですね。だいたい、450年で15代でしょ。…30年？…そんなもんでしょ。僕が社長になってからでも、23年経ってますもん。

何代目という世界でいえば、代の数が多いのは、能楽の「金春流《こんぱるりゅう》」宗家である。能楽は「四座一流」といって、観世・宝生・金剛・金春・喜多を指す。そのうち、金春流が圧倒的に古く、金春流の現在の宗家（金春安明師）は八十世（八十代目）になる。

（注：「四座一流」は江戸時代、能楽各流派の総称。観世・金春・宝生・金剛の四座に新興の喜多流を加えた名称）

仲田　ちなみに、（日本酒の）「吉乃川《よしのがわ》」の当主は、何代目ですか？

西村　十九代目です。

仲田　社長夫人の（実家である）「吉乃川」の造り酒屋は、千總より古いんですよ。460年？

西村　うん。そのくらいです。で、十九代。

（注：新潟の老舗蔵元。創業は1548年（天文17年）と古く、蔵元は上杉氏のゆかり）

――お香で有名な松栄堂《しょうえいどう》さんの場合は、創業300年ですが、現在の畑社長は十七代目ということで、昔の人は人生50年くらいだったから、社長をやるのは20年くらいという計算も成り立ちますか…。

西村　虎屋さんも古いですよね。

上菓子と羊羹の老舗・虎屋（本社／東京都港区）の場合は、「中興の祖・黒川円仲」から数えて現在の黒川光博社長は十七代目という。だから本当に興した人というのは、よくわかってないともされる。つまり、わかっている途中から数えているわけである。

仲田　金箔屋さんも、２００年で十代目とかあるので、そうなんじゃないですか。家系図がありますのでね。

――家計図といえば、皇室のご成婚のときに仕立てるものは、何というのでしょうか？「謹呈」とでもいうのですか？

仲田　「ご調度品」といっています。

――要するに、皇室御用達《ごようたし》ということですか？

西村　皇室御用達という制度というかね、そういったもんが、戦後はなくなってますから。昔は、「御用達」の看板もちゃんとありましたけどね。まだ残ってますけども…。

――皇室からも注文が来るくらいに、歴史的な信用が確立しているということは、一般にもっと訴求できるのではないですか？

西村　結構、使ってるんですけどね。

仲田　あまり出していないですね。今でも宮内庁から、ご用命はいただきますけれどもね。

――皇室のことだけに、あまり商売に出すのは憚られるのですか。

西村 現在は千總から直接（皇室へ）ということではないですからね。百貨店に行って、百貨店が納めていますから。直接は行ってないですから。

仲田 明治時代は、千總も、川島織物さんとか、虎屋さんとかと並んで、御用達だったので、当時、きもの以外のいろいろな、装飾品等々やっていましたのでね。御所の中とか、いろんなものを直接やっていたとは思いますけども。今は、宮内庁から百貨店（へ注文が行ってそこから）。

西村 三越さんか、高島屋さんやね。

仲田 三越さん、高島屋さんからご用命いただいて、作るということですね。直接、今、宮内庁とやり取りしているわけではありません。

――しかし、ご成婚に使うためのものだということは、当然、事前にわかりますでしょう？

西村 （ご成婚に使うためのものだということは）わかっています。

次に、450年以上続く千總の家には、ひょっとして、代々伝わる家訓とかが存在するのであろうか、訊いてみた。

西村　家訓って、ないんです。昔から言われてんのは、「三方《さんぽう》よし」とか、「開物成務《かいぶつせいむ》」とか、そういう言葉はありますけども。家訓としてはないんですよ。

――社長が新たな家訓を定めたりはしないのですか？

西村　いやあ、そんな難しいこと、しませんよ。（笑）

――社長は十五代目。跡を継ぐ十六代目はどうなりますか？

西村　どうしましょうかねえ。

――ご子息がいらっしゃいますか？

西村　いや、私のところは、子供がいないもんですから…。ま、うちの家系からは、出さないと…。…いないのが、いいのかもしれないですね。今は。

今まで450年以上もの間、十五代は、連綿とつながってきたわけであろうか。その点について訊くと、十五代続いてきたことは確かだと肯定された。ということは、血脈が変わるのは、初のことなのであろうか。

西村　いや、昔はねえ、いろんな人（の血）が入ってましたからね。…じいさんとこからも入ってるしね。いろんなとこからも入ってますんでね。まあ、子供がいないちゅうのは…、いたら、また、たいへんでしょう。そら、出来のええ子やったらいいですよ。出来が悪かったらね…、悪うても、やっぱり継がさな、ならんでしょ。で、いなかったら、（出来の）ええの、引っ張ってきたらいいんです。そのほうが楽でしょ。

――虎屋の黒川社長も、ご子息がいらっしゃいますが、「要するに、たまたま黒川という名前で一生懸命やってくれる人がいれば一番いい。黒川という名前で、一生懸命やらないやつに継がれたら、これは困る」というふうにおっしゃっています。

西村　そら、何もなかったら、一番いいのを引っ張ってこれますからね。まあ、日本はねえ、戦後こんなに発展したっちゅうのは、そういうことですよね。日本には資源が何もないから、世界中で一番安いのをバーッと拾ってきたみたいでしょ。そんでバーッと、良くなった。日本で取れる米が一番高いんですよ。日本で（一番高いものが）取れたら、アカンのですよ。（笑）

（著者注：言うまでもなく、米の話は冗談である。）

――歌舞伎でも、市川團十郎は十二代目とはいえ、三代前はつながっていないとされています。

西村　ああ、そうですかね。

虎屋も、エルメスも、お香の松栄堂も、京菓子の末富《すえとみ》も、全部、ファミリービジネスである。その利点としては、経営の視点が長期になるということが挙げられる。売上げにすぐには反映されない長期的な信用の構築などは、2～3年で成果を出さなければいけない株主最重視の経営とは、なかなか相容れない部分も存在するかもしれない。その辺は、十五代目の西村社長自身は、どのように考えているのであろうか。

西村　それはやっぱり、サラリーマン社長になると、どうしても、まあ短期勝負ちゅうかねえ、その間、二期か三期の間に、やはり成果を出しておかないと、ということはやはりあるでしょうね。そこで何か無理があるかもしれないし。ないかもしれないし。それはわかりませんけども。まあ、何かやらにゃいかんということで、頑張るでしょうね。そこんところ、長いスタンスでモノを見るっちゅうことは、なかなか難しいんじゃないですか。

——ということは、十五代目西村社長の経営判断には、やはり、長期的視点というのが、常に最重視されるということですか？

西村　それは、ありますね。うん。5年後、10年後、20年後は、見てますよ。

——しかし、うまくいかずに会社を傾ける可能性も当然ながら出てくる…。

西村　それはありますよね。（うまくいかずに、結果として会社を傾けてしまうかもしれないこと、）それはわかりませんわ。

――つまり、リスクを取るということでしょうか？

西村　それは、取らにゃ、しょうがないでしょうね、そういう場合は。

――そういう、大きなリスクを取らなければならないようなときに、ご先祖様、つまり、十四代も続いたお歴々が、夜、枕元に現れて、「おまえの代で潰すなよ～」などと言ったりするという、そんなプレッシャーというのは、十五代目としてお感じになることはありますか？

西村　（先祖の）墓、入れんかもわからんしね…。いや、プレッシャーは常にありますよ。

――そのプレッシャーとは、どんなお気持ちですか？

西村　いや、当然こうつながってきたっちゅうことを、やはり、うん。それを、…経営的にねえ、具合を悪くしたらアカンということは、ありますから。それから、うちを頼ってきてる社員もあるし、職方もあるし、みな生活が懸かってますから…。それは、ありますよ。

3　友禅染めの複雑な工程と職人集団

宮崎友禅が創始した友禅染は、絵模様を白生地に自由に染められるデザイン性の自由度を高度に持っていた。それは、一見、筆先ひとつでどのようなデザインでも染められると単純に思いがちだが、実際には、なんとも複雑な工程が幾重にも重なり、それぞれの工程を多くの職人たちが担っている。

友禅には、宮崎友禅のころから続く「手描き友禅」と、明治以降に量産化できるようになった「型染め友禅」とがあることを念頭に置いていただきたい。この2つは、当然、工程が異なってくる。

まずは、古い伝統を持つ手描き友禅の工程であるが、手描き友禅には、大きく分けて12ほどの製造プロセスがある。それは**図表1**のとおりである。

①「図案」の製作は、文字どおり、デザインの作成である。通常の工業製品でいえば、

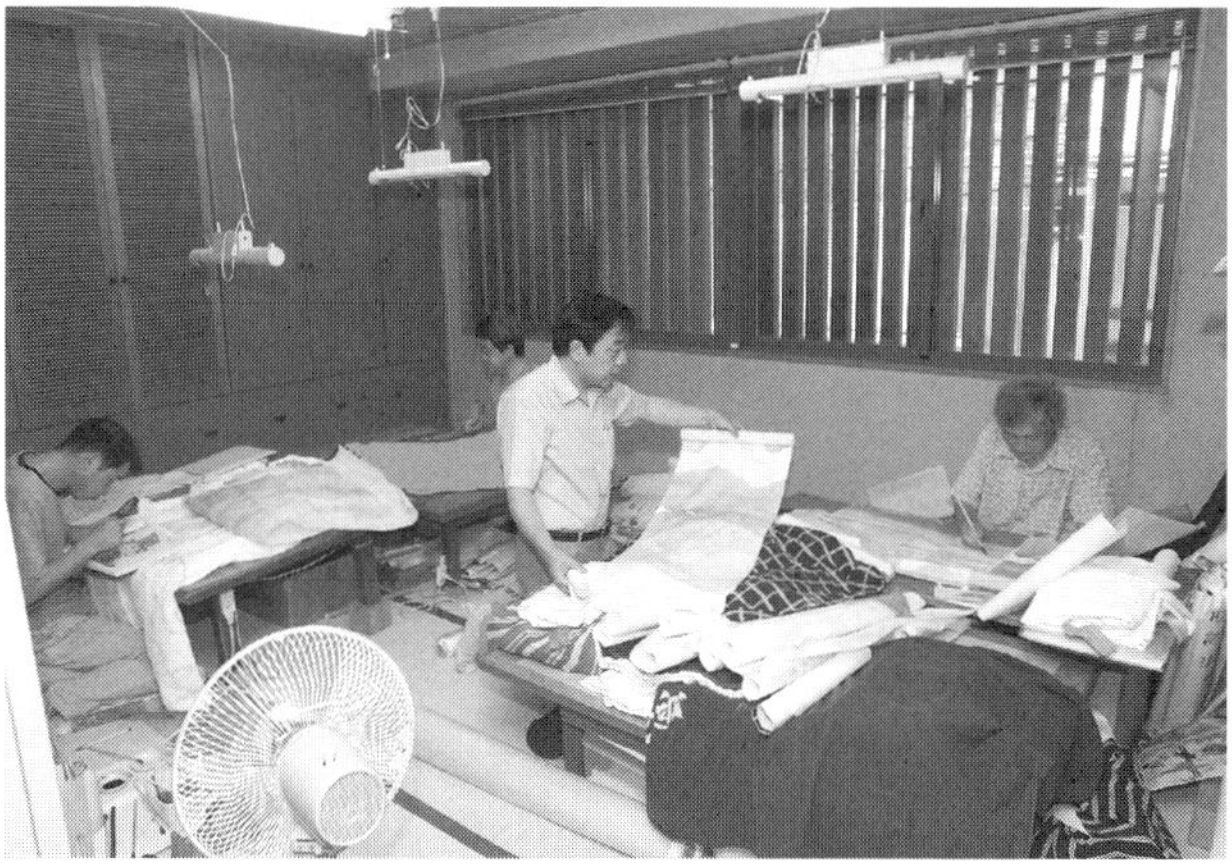

設計図の製作に相当する。図案は、留袖の場合は原寸大で描き、訪問着や振袖は約半分のひな形に木炭で柄を描いていく。歴史的・伝統的な柄というクラシックな要素も重要であるが、かといって、現代的な感性も忘れるわけにはいかない。図案の製作は、売れる友禅をつくるということにおいて、最も重要な要素のひとつである。

②「下絵」は、デザインを白生地に写す作業である。つまり、図案ができたら、次は、そのデザインを白生地に写していく作業が必要となるが、それが下絵である。下絵を描くには、出来上がったきもののどの部分にどの柄が来るのかということを、詳細に確認しながら進める必要がある。そのために、巻いてある反物の白生地

図表1　「手描き友禅」を作るプロセス

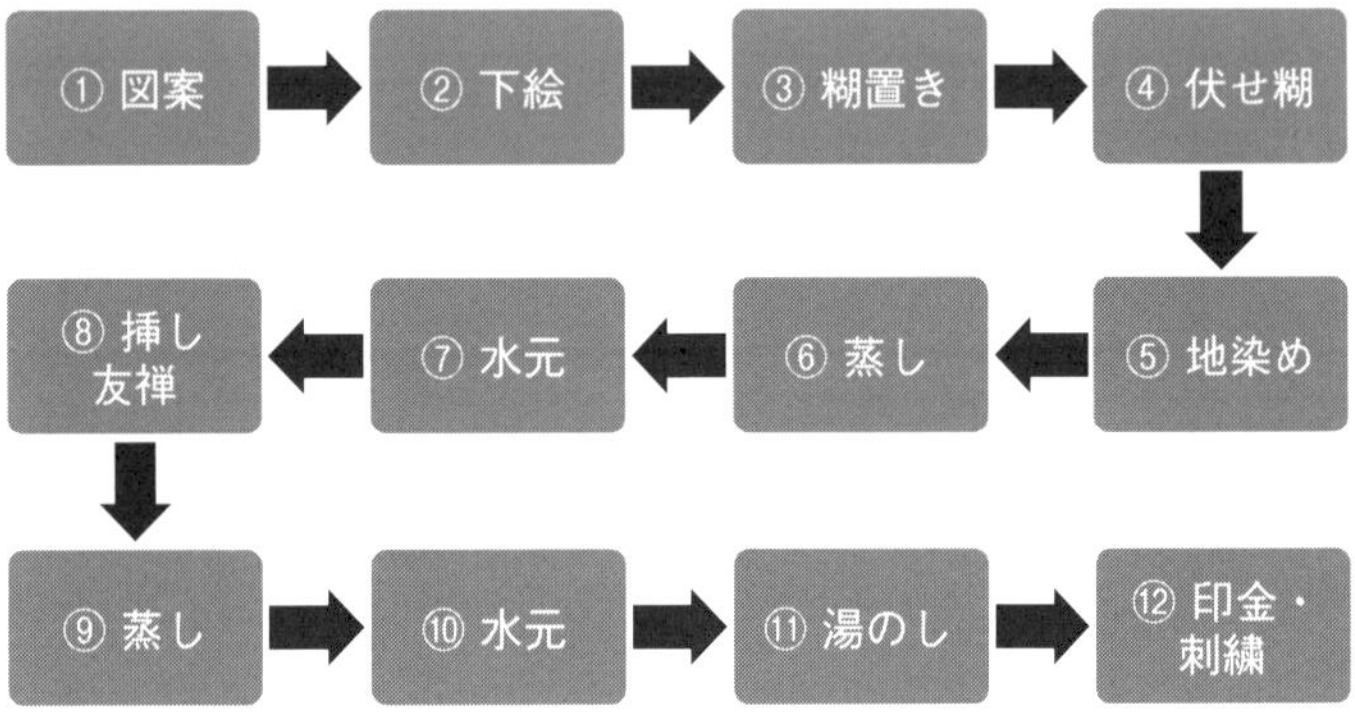

に描いていくということはできない。

まず、反物を出来上がったきものの形に仮縫いする。そのようにきものの形に仮縫いしたものを、「仮絵羽《かりえば》」と呼ぶ。仮絵羽に、図案を元にして、青花という染料で下絵を描いていくのである。このとき、設計図である図案と寸分違わず描くようにするわけではないのだという。図案は、イメージ重視で描いているので、その図案に寸分違わずに白生地に写すと、きものにしたときに柄がずれてくることがある。そこで、下絵を製作するときには、絵柄の重要なポイントが、きもののいい位置に来るように調整しながら写していくのが肝心なのだという。

③「糊《ノリ》置き」は、下絵の線に糊を置いていく作業である。下絵の線に糊を置くことで、柄のそ

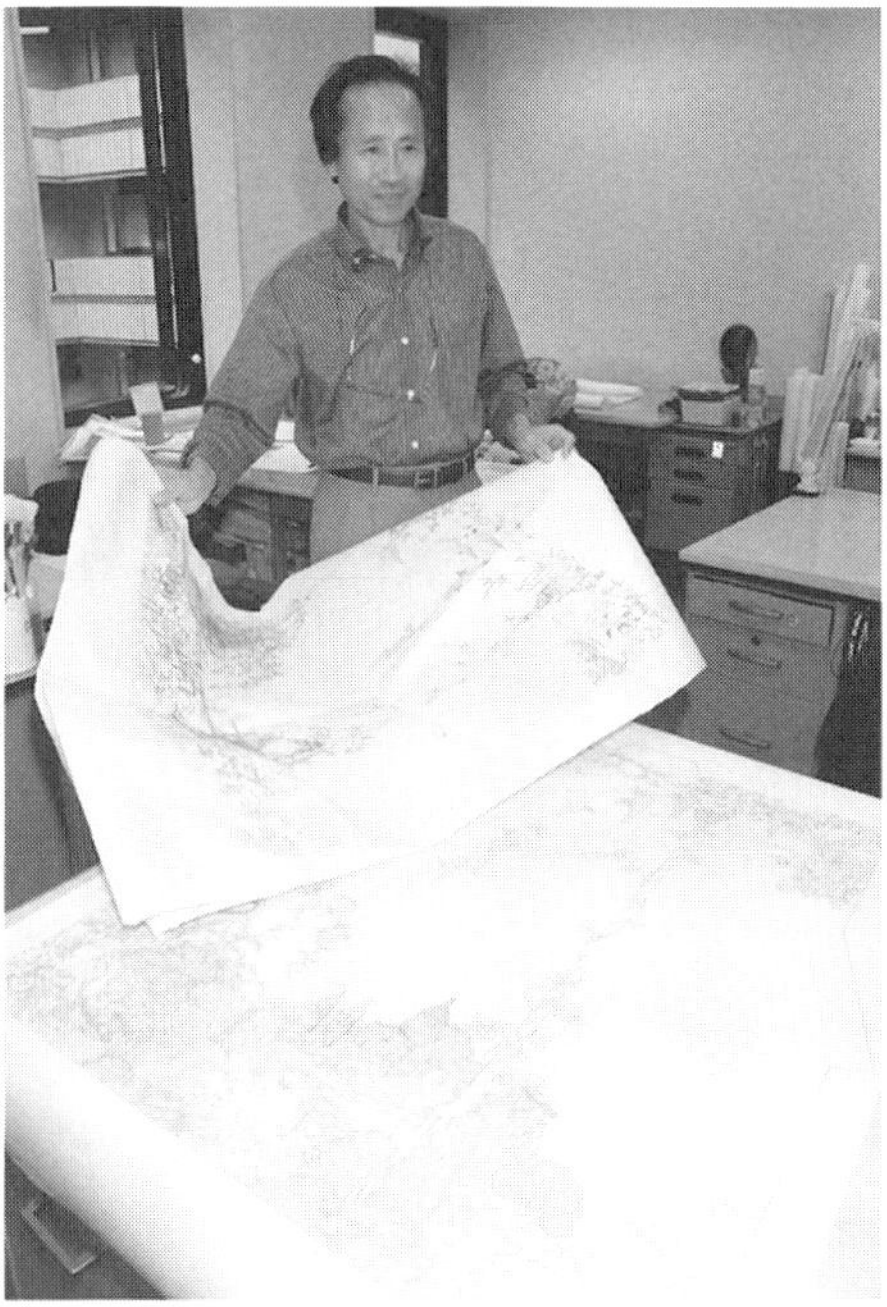

れぞれの色が混ざり合わないようにするとともに、下絵の線が柄の輪郭線として白く残るため、柄がはっきりと浮かび上がるように見えるのである。糊は、かつては、もち米を原料にした糊（糯糊）を使っていたが、乾き方が悪いので、炭火で乾かす必要があった。現在は乾きの良好なゴム糊を使っている。糊置きでは、渋紙（和紙を柿渋で貼り重ねたもの）で円錐状にした筒に糊を入れ、それに先金を付けてペン状にしたもので下絵の線をなぞるように糊を置いていく。

④「伏せ糊」は、模様部分に色が入らないように防染する目的で、糯糊で柄を部分的にカバーしていく作業のことである。伏せ糊をすると、乾かないうちに挽粉（細かな、お

がくず）をかけて糊表面を保護し、他の部分に付着しないようにする。

⑤「地染め」とは、きもの全体のバックグラウンドを染める作業のことである。この前段階で、柄の模様部分には色が入らないように糯糊で防染してあるので、全体を染めても、柄の模様だけは染まらずに残ることになる。地染めは、大きな刷毛で、広い面積を一気に引き染めしていくが、ムラが生じないように塗っていく作業には、熟練の技が要求される。

⑥「蒸し」とは、文字どおり、大きな蒸し器に友禅染の生地を入れて、蒸気で熱を加え、地染めを定着させる作業である。

⑦「水元《みずもと》」とは、防染のために糯糊で伏せ糊した糊を洗い落とす作業である。さらには、蒸しで地染めを定着させたものの、定着せずに残った染料も、この時点で洗い流す。この水元の作業は、かつては鴨川などで行われていたもので、「友禅流し」と呼ばれ、風物詩のひとつであったが、環境などの点で、しだいに河川での友禅流しは廃れていった。今では、水元と呼ばれる作業所で、水を浅く溜めた大きなプールのなかに蒸しをした反

物を浸けて行っている。京都の水は、カルシウムやマグネシウムといったミネラル成分が少ない「軟水《なんすい》」で、鉄分も少ないため、染料に影響を与えずに洗い流す作業によいという意味で、うってつけだとされている。

⑧「挿し友禅」は、ゴム糊で防染した糸目糊の内側に色を「挿し」ていく工程である。この柄模様への色挿しの後で、さらにまた、⑨蒸しと、⑩水元での洗いを行う。

⑪「湯のし」（「湯熨斗」）は、蒸気を当てながら、生地を伸ばしていく作業である。蒸しや洗いを経て生地にはシワやヨレができているが、この伸ばし作業を経て、また真っ直ぐな生地になり、生地に光沢が出るとともに、仕立てがしやすくなるのである。

⑫「印金・刺繡」は、友禅（染め）が仕上がった後に、ゴールドのきらびやかなアクセントと、刺繡による立体感を添える作業である。印金は、ゴールドを入れたい部分に糊を置き、金箔を乗せて接着する。金箔のほかに、銀箔も使う。緻密な刺繡は、友禅柄に更なる実在感と生命感を付加する。

図表2 「型染め友禅」を作るプロセス

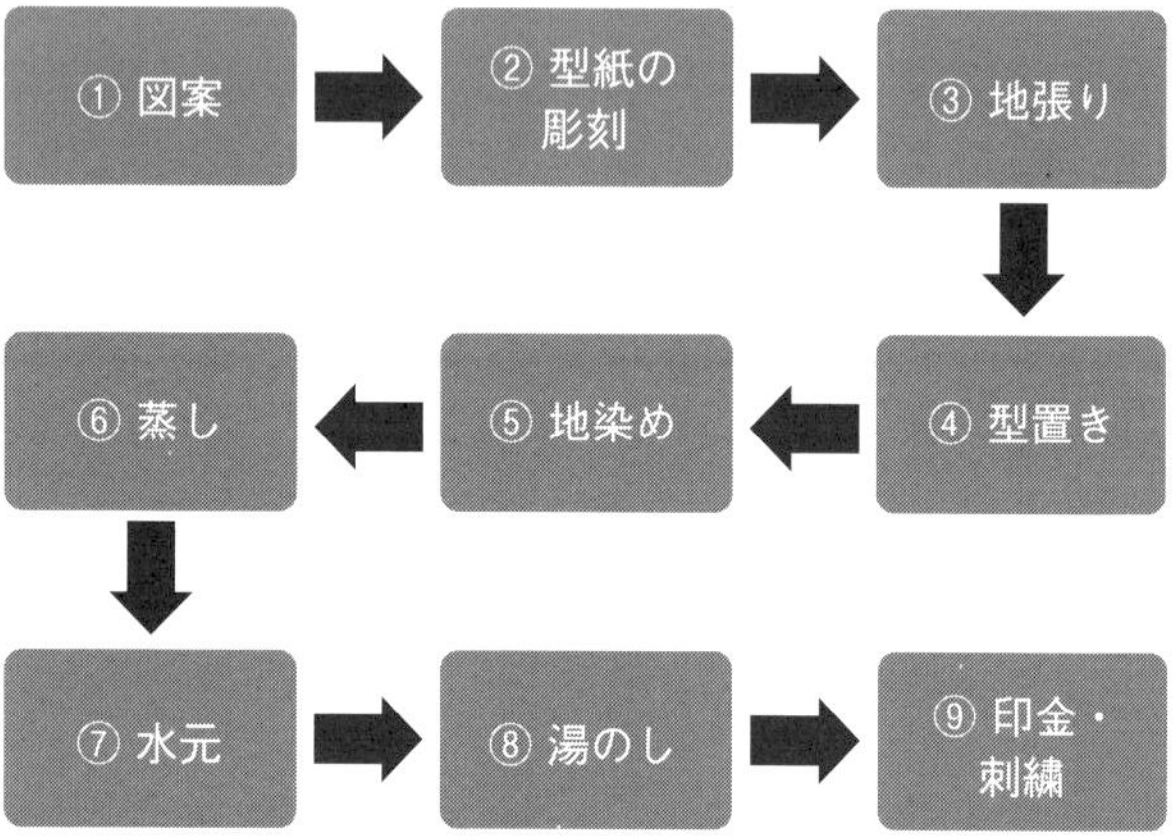

以上が、宮崎友禅以来の手描き友禅のプロセスであるが、一点（一点もの）しかつくれない手描き友禅に対して、明治期以降、新たなイノベーションで、同じデザインの友禅染が量産化できるようになった。それが型で染めていく、いわゆる「型染め友禅」である。

型染め友禅を作るプロセスは、手描き友禅の工程とは多少異なってくる。**図表2**が、型染め友禅の工程である。

型染め友禅で、手描き友禅と異なっている工程は、型紙彫刻と地張りと型置きという3つの作業である。

②「型紙彫刻」は、地紙という紙に彫刻して（穴をあけて）型紙とし、その型紙にあいた穴でデザインを染めていく工程である。

ひとつの柄を染めるのに、何枚もの地紙が使われる。地紙には和紙を柿渋で貼り重ねた渋紙が使われてきた。しかし、20年ほど前からは、剛性と保管に優れた樹脂系の洋紙が多く使われるようになっているという。

③「地張り」は、「友禅板」と呼ばれる長い木の板に、白生地を糊で貼り付けて布地を伸張させる作業である。この工程は、手描き友禅にはないが、なぜこういう作業が型染めには必要になるかといえば、型紙を白生地に置いたときに、その布地が完全に真っ平らでなければ、型紙の穴から正確に染料を転写することができないからである。友禅板には樅《モミ》の木の一枚板がよいとされ、両面に一反の生地が貼れるように、7メートルほどの長さがある。

④「型置き」は、長い一枚板に貼り付けた生地に型紙を置いて、模様を染め付けていく作業である。型紙を使った染色には、染料を刷毛で摺り込む「摺り染」と、もち米糊に染料を混ぜた「写し糊」をヘラでしごくようにして染める「しごき染」とがある。千總ではこの2つを併用しており、摺り染の後に、しごき染を行っているという。

これらの多様なプロセスをそれぞれの工程ごとに担当する職方《しょくかた》が存在する。そうした職方のなかには、代々、千總専門でやってきている職方がいるのだという。こうした優秀な職人集団の存在が、千總という企業・ブランドを裏で支えているのである。

インタビュー（3）　友禅染めの工程と職方について

——呉服商組合のような仲間内からすると、千總は、大きすぎて、外れ者みたいに思われるようなことがありましたか？

西村　昔はそういわれたかもしれんです。

礒本　だいたい明治の10年前後から型紙を開発して、型友禅という量産化に成功したわけで、それは大きな影響があると思います。それまでの、それ以外の所はそういうことはしてなかったんですね。工場《こうば》を持って、技術開発をしたっていうところで、余所《よそ》さんとはずいぶん違うと思うんです。

西村　手捺染《てなせん》（生地の上に型紙を置いて染料を塗り分ける方法）をやり始めたということが、やはり大きいでしょうね。それは明治以降のことで、それまでは、草木染めですからねえ、天然染料で。やはりそこから、明治維新の時から化学染料が入ってきましたから。型友禅なんかも、やりやすくなった。やれるようになったといいますかね。だからそういうことで、同じものを大量に作って、大衆の方にも、お召しいただけるようにできてきたと、いうことですね。それが一番大きいでしょうね。

――それは、近代化というか合理化をして、安くなったから広まったのでしょうか？　それとも、求めやすく広めるために、製造工程を工夫したのでしょうか？　鶏と卵論のようですが、どちらでしょう？

西村　（どちらがニワトリで、どちらがタマゴかということは、）わかりませんけども。

礒本　明らかに時代が変わって、士農工商というか、身分制度がなくなったわけですから。その当時まで、江戸時代には、絹のものを、きものを着られる身分の人たちって数が限られているわけですよ。それが明治になって、それぞれ仕事をがんばって、お金さえ貯めれば、きものを買えるわけですから。そこが明らかに違うと思うんです。マーケットが広がったということだと思います。

――庶民一般の方々にも着られるような価格破壊につながるイノベーションがあって、量産化で安くなった。その安さを維持するために、仲卸《なかおろし》を抜いて、つまり、流通のうえでもイノベーションを行ったというようなことがいえるのでしょうか？

礒本　たぶん。想像ですけど…。それはそういう時代の流れに沿って…。

西村　そういうふうにしたとか、そういうことが文章になって残っていませんから、我々が想像しているだけなのでね。定かなことはいえませんけれども…。

――仲卸というのは、量産技術ができるまでは、当然、量産でなかった高級なきものを扱っていたのですか？

仲田　こういう（仲卸の）形態があってやっているわけじゃなくて、たぶん、私どもも作っていたわけですよね。お求めいただく方がいたわけですよね、オーダーメイドで。お客さんがいて、作っていて、作ったから、その人に販売していたと。単純にいうと、これだけなんですよ。それが、型友禅になって…。

今でもそうなんですけど、職人を抱えられる「専属工房」を持ってできるということが大きいと思うんですね。職人さんは、いろんな仕事をしていますから、複雑なというか、流通が入り込む余地ができますよね。私どもの場合は今でも、専属の工房が作って、それを私どもの営業マンが販売をすると。別に、仲卸が入る余地がないわけですよ。コストがどうのこうのというよりも、入り込む余地がないんです。入る必然性がない。だからこういうことになっているんだと思いますけれどもね。

――その工房というのは、千總の近くにあったのですか？

西村　工場《こうば》というのは、（職人の）各家庭にありました。工程によって、全部その家庭にありましたから。その職人さんが一つの家庭を持って、そこでやって、それが順番に、工程どおり回っていって。昔でいったら、この町内一周回ったら、きものができるといわれたんで。

仲田　だから、仮に田中さんという、友禅をする人は、余所の仕事を受けずに、うちだけの仕事で生活が成り立っている。…ということだと思うんです。

――職人というのは、この辺り（三条烏丸）よりもむしろ、もっと北の西陣に多くいたというイメージが一般にはありますが、この辺りでも、多くの職人がいたのですか？

西村　この辺りで、ずっと、いました。

礒本　西陣は、先染《さきぞ》めなんで。

仲田　（西陣は）織物《おりもの》です。

――西陣で作る西陣織《にしじんおり》は、まず糸を染めてしまってから織るという点で、友禅とは製作プロセスがまったく異なっていますね。

礒本　そうです。西陣では、機《はた》を使って、織って、柄を出す。こちら（友禅）は、後染めなんで、白い生地にあとで友禅を挿す。まったく区域が違う。産地が違うんです。

――西陣で作ったものを室町の問屋で売るということはなかったのですか？

西村　いえ、まったく違います。

仲田　問屋として成立しているところは、皆さん、きものを扱っていますから。千總は友禅のきものしか扱っていませんが、この辺の問屋は総合問屋で、全部扱っていますから、西陣で作ったものを、その問屋さんが、小売店に販売しているってことはあると思うんですけども。私どもは、この辺で作った友禅染のきものしか扱っていないんです。だから私どもは総合商社にはなれません。

――つまり、専門商社ということですね。

仲田　ええ、専門商社です。

西村　それからまた、京都で作ってましたからね。江戸で売る場合、やはりそれなりの問屋さんちゅうものも必要だったとは思うんですけどね。

――先ほど「専属工房」という言葉が出ましたが、専属工房の職人というのは、御社の社員ではないのですね？

西村　ではないです。そこの工房の社員です。

――専属工房の職人は、千總の仕事しかしない…。

西村　もうそこはね。（専属工房では、千總のためだけに仕事をしています。）

――その契約というのは、どうなっているのでしょう？

西村　契約って…、昔からなんでね。契約書があるかないかいうたら、ないよなあ？

礒本　（契約書は）ないです。

仲田　ええ、ないです。

西村　昔のことですから。

――そこも代々、千總と付き合ってきたわけですね。

西村　そうなんです。

仲田　うちは必ず何反出すっていう契約はしてないです。ま、阿吽《あうん》の呼吸といいますか。

――しかし、契約書がないということは、何年契約とかということもないわけですね。

西村　（何年契約とかも、）ないです。

――ということは、「イヤだ」っていわれることも、可能性としてはあるのですね？。

西村　（可能性は）あります。

次に、こういう時代であるから、専属工房も、苦しい状況があるのではないかと率直な質問をした。

西村　苦しいでしょうね。

（西村社長は、眉間に苦渋の皺を浮かべた。）

伝統産業における後継者の問題が云々されることがある。京都では、職人の後継者の問題は、どうなのであろうか。その点について訊いた。

西村　後継者はねえ、結構いるんですよ。

――今の時代に、職人の後継者問題がないというのは、どういうことでしょう?。

西村　今、若い人たちは、手に職をつけるいうことに関して、抵抗がないかどうかはわかりませんけど、結構、やりたいという方は多いんですよ。

友禅の製作工程というのは、図案から、型紙の彫刻、地張り、型置き、地染め、蒸し、水元、湯のし、印金・刺繍と、多くの工程が分かれている。

西村　型（染め）友禅ですね。その工程は。

――それぞれの工程について専属工房があるのですか?

西村　型友禅の場合は、染めの段階までは、型を置いて染めるまでは（専属の工房がある）。あと、蒸しとかは、他に出しているところもありますけども。…（うちの工房は）ほとんど蒸し機持っとるよね?　…持ってへんか、この頃。

仲田　蒸しとか、水元っていう水洗いするのは、専門の（工房で）ね。大きな機械ですから。それはもう、余所も入るようなところでやってますけど…。いわゆる、職人さんが手仕事をするところというのは、私どもの仕事を主にやっていると。で、その工房、工房といっても、一人ひとりのご自宅だったりするんで。そのご自宅に、たとえば昔でしたら3人ほど、弟子じゃないですけど、雇ってやられている方もいらっしゃるし、今でも、そういう方もいらっしゃるし、おひとりだけでやられている方もいらっしゃるし、息子さんと2人で、やっている方もいらっしゃる。というようなことですね。

——そうすると、蒸しと水元と湯のしは、そういういろいろな所の仕事も受けるということなんですか?。

仲田 ええ。(蒸しと水元は、一社専属ではなく、いろいろな会社から仕事を受けます。)

——印金・刺繍に関してはどうですか?

西村 それはそれで、縫いの工場《こうば》ちゅうかね。

——それは専属の工房ですか?

西村 (印金・刺繍は、千總の)専属です。

——京都というのは、職人が多くて、職人を大事にする町という印象があります。

西村 まあ、多いっちゅうか、この辺りは、結構いますよね。呉服関係の。

——室町の辺りを歩いていると、「湯のし」という看板を見かけたりしますが。

西村 ええ、あります。

(「湯のし」って、何をするのか、言葉の意味がわからない人もいる。呉服の工程のひとつなのだということも知らない人もいる。しかし、京都の昔ながらの町屋がどんどんマンションなどに建て替えられてきたなかで、街中に「湯のし」の看板があるということは、伝統産業が連綿と息づいているひとつの証しでもある。）

――職人さんも含めて、千總の「関係者」という意味では、何人くらいの規模になりますか？

西村　家族を入れたら、わからんね。

礒本　軽く1000人は超えるでしょうね。

西村　そらあ、超えますわね。

――家族を含まずに、直接携わっておられる方だけだと、どのくらいでしょうか？

西村　うちの社員が今、100ちょっとですから。それと、職方、どれだけかわからんな？

礒本　千總の直接目の届く範囲内では、200名くらいが働いています。職方でなしに、きものを店頭で売る人、スタッフですね。店頭スタッフ、正社員と契約社員ですけど。それで、だいたい200人前後ですね。で、それプラス、製造に携わっている職人がいて、…やはり500～600人、直接的には、きものを手で触る人たちは500～600人はいると思います。

――千總のメーカーとしての部分に携わっている職方さんは何人くらいいらっしゃいますか？

礒本　それは、差し引いたところなので、500～600引く200で、300～400人はおられると思いますね。

西村　白生地屋からね、ずっとありますから。

礒本　極端にいいますと、桑から、蚕《カイコ》を育てて、国産糸というものを作っていますし、そういう農家の人たちも、実際、うちに携わってくれているわけですから。そういう人たちを入れて、やはり、300～400人は数えられると。

――蚕から国産糸を作っているというのは、福井県の辺りでですか？

西村　いや、群馬から、もうちょっと北の山形とか、あっちのほうですね。

礒本　東北ですね。岩手、福島…。それに茨城、群馬…。

西村　昔はねえ、日本中にありましたけれどねえ。

――大学でも、繊維学部とか繊維学科というのは、たくさんありましたが、今は、京都工芸繊維大学と信州大学の2つだけになってしまったようです。大幅縮小です。オール国産で、繭から国産でというのは、やはり、社長のこだわりということになるのでしょうか？

西村　まあ、こだわりちゅうか、今なんでもその、野菜でも、どこの誰が作ったちゅうこと、言うてますよね。そういうのと同じで、この糸は、ずっと辿っていったら、純国産で、日本の誰それが育てた繭から取ったと、いうことが、わかるようにしていきたいと。

――西陣では、中国とかベトナムへの技術流出が問題視されたことがありましたが、やはり京都のきもの工場の海外移転とか、技術流出の問題というのはあるのでしょうか？

西村　ないことはないですけども、うちの場合はゼロです。それはやはり、海外へ（工場を）持っていった場合は、同じものを大量に作るということが前提ですよね。うちの場合は、全部違うんですよ。手で描いてますから。そういうことで、やろうと思っても、それは無理じゃないかなと思うんですよ。

――千總には、外国人社員はいますか？

西村　（外国人社員は）いないです。

――職人はどうですか？

西村　ああ、職方《しょくかた》のほうですか？　どうやろ。それはちょっと把握してないですけど。たぶんいないんじゃないかと思うんですけどね。

――もし技術を継いでくれるならば、別に外国人でも構わないというようなことは、考えられていらっしゃいますか？

西村　うん、それは別にこだわっては、いないんですけどもね。しかし、日本はこれから、少子化でね、どうなっていくかわからへんし。まあいずれ、何年か後には、移民ということも考えていかにゃならんでしょうから。やはり、外国人はどんどん入ってくると思うんですよね。その場合に、そうした人たちがこういった職に携わるかどうかということは、わかりませんから。

――話は変わりますが、証券会社が、御社に上場を勧めたりということもあるのではないですか？

西村　いや、今んとこないです。

――御社くらいの規模があって上場する会社というのが今は割と少ないので、どうかと思ったのですが…。

西村　ありますけどもね。呉服屋さんで今上場しているのは、ウライさんくらいか？

（注：ウライ株式会社）

礒本　ですね。あと、川島（織物）さん。

（注：株式会社川島織物セルコン）

西村　市田《いちだ》さんとか、総合的なとこは、別としてな。

――市田が上場したのは古い。

西村　うん、そうですよね。

――そういう上場への考えはないと。

西村　今んとこ、ないです。はい。それほどの規模じゃないと思ってますから。

――必ずしも、上場して直接金融をやる必要がないとか、ということでしょうか。

西村　そうですね。今んところ、それやる必要はないし。

――とすると、御社は、ひょっとして、無借金経営ですか。

西村　そんなことないです。

4 きもの市場の落ち込みと問題点

きもの市場の落ち込みが止まらない。かつては、どの町にも呉服屋があったことを、年輩の方なら誰でも覚えているはずである。そうした呉服屋は、だいたいが代々続く商売で、信用を重んずる店主によって経営されていた。そうした呉服屋が、日本全国の街々から、しだいしだいに閉店するなどして姿を消してきたのが現実である。

近畿経済産業局によれば、きもの小売市場の規模は、2008年予測値で3945億円（矢野経済研究所）とされた。約1兆3000億円規模であった1993年から毎年5～10％ペースで減少してきた「きもの」市場は、2000年以降の5年間は6000億円台前半で推移し、一時的に均衡を保っていた。しかし、2006年に再び前年比17・5％減と大幅な縮小を記録した後は、市場の縮小に歯止めがかからない状態が続いている。ピークであった昭和50年代の市場規模と現在とを比較すると、当時約1・8兆円あった市場規模は、現在金額ベースで約5分の1、数量ベースで10分の1に縮小しているとされる。

街々にあった呉服屋が姿を消していく一方で、各地の大手総合スーパーマーケットの大型店舗のなかなどに出店して急成長を遂げた、「京都たけうち」のような会社もあった。そうした企業は、着付教室で顧客を集めるなどする一方、高額なきものを庶民にローンで売るという商法で成長したが、「過量販売」が社会問題化して、きもの販売に対するイメージダウンで、催事販売・訪問販売による販売量が激減した。

（注：「過量販売」とは、消費者に対して必要以上の量の物品の購入契約を結ばせる商品販売方法で、生活を圧迫するほど高額な債務を抱えてしまう被害が発生する問題である。）

「京都たけうち」（京都市下京区烏丸通仏光寺下ル）は、明治36年の創業で、和装小物、振袖、訪問着、帯など呉服全般を扱っていたが、宝飾品・アクセサリー・毛皮にも事業を多角化し、グループ18社を有していた。近畿地区を主体とするスーパーマーケットにテナントとして出店し、一時は500以上の店舗を展開したが、過量販売が社会的に問題となった余波を受けて、販売が急激に落ち込み、2006年に、負債約61億円で倒産するに至った。グループ15社の負債は200億円ほどに達したともいう。

「過量販売」は、縮小が続く和装市場において、こうした「急成長」を遂げた企業のなかで行っていたところがあるとされた問題で、そうした企業がローン会社と手を組んだローン販売と、催事販売会場での、なかば強引な販売手法とが結びついた結果の問題であ

図表3　きもの市場規模の推移

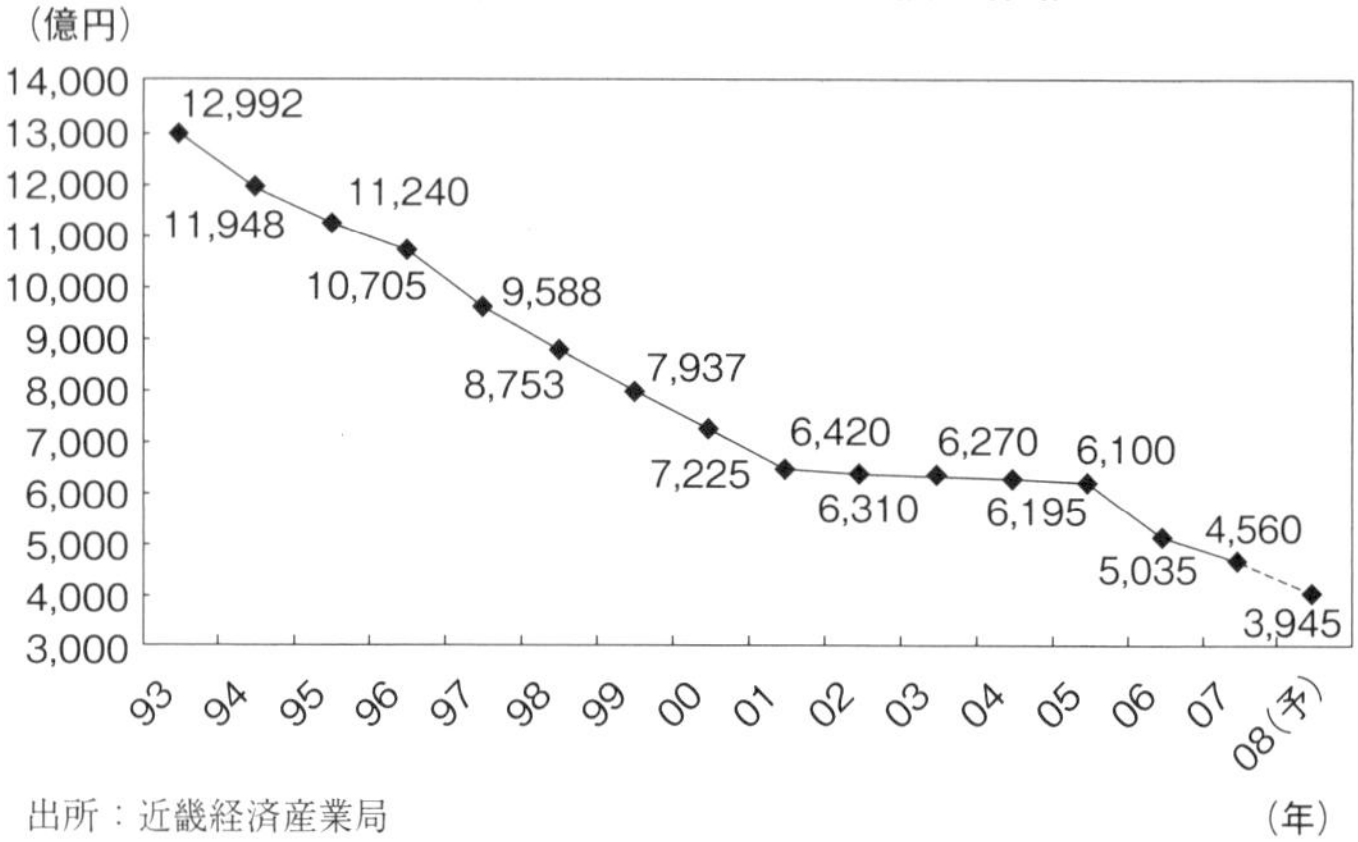

出所：近畿経済産業局

る。すべての呉服店が関与していたというわけではなかったが、「強引な販売で過大なローンを背負わされた」と訴える訴訟が相次いだことから、呉服の過量販売の問題はマスコミで大きく取り上げられ、和装業界全体に対して一般消費者が持つイメージは、著しく傷つけられてしまったことは、事実であろう。

過量販売で批判されたような企業がなぜ急成長し得たのか、そして、なぜ逆に急に挫折したのかという理由には、高額なきものをローン販売で売るという仕組みがあった。

「倒産した企業は、消費者に対して販売金額にかかわらず60回払いを勧めたり」（近畿経済産業局）という販売の手法であったが、そのいわゆる「強引な手法」で、急成長を可能にした莫大な利益を生み、かつ同時に、社会的批判を浴びることになった、もうひとつの裏事情が存在したとされている。

それは、「供給業者によると、業界内でも常識を超えた仕入れ値の10倍近い上代価格設定をしたりするなどの販売手法をとっていたともいわれている」（近畿経済産業局）という、伝統的な和装きもの業界では異端視された酷い値付けの方法であった。つまり、原価数十万円のきものを、そうした企業では数百万円で売っていたということである。この10倍の値付けということに関しては、著者も、京都のあるきものオークション業者に直接電話取材をして聞いている。それによると、オークションで売られるきものは原価すれすれだが、同じきものを、店舗で、「10倍以上（の値段）で売っているところも、なかには、あることはあります」とのことであった。

高額な代金は、ローン会社から、きもの販売会社には一括して払い込まれるが、債権はローン会社が持ち、消費者は延々と長期間にわたり債務を支払わなければならなかったのである。そして、その支払わなければならない総体的な金額は、実際に売られた商品の旧来の相場価値とは、桁が異なるほどに著しく乖離していることがしばしばあったのである。

原価水準をはるかに超越した価格で商品が売られるということは、別に呉服以外の業界でもあることかもしれない。しかし、呉服業界のなかの一部の企業では、どうしてこのような「（きもの）業界内の常識を超えたような」といわれるほどの酷い値付けが、通用し得たのであろうか。

それは、一般の人には、わかりにくく、適正に評定しにくい、和服独特の技術レベルの幅の広さと、その商品への反映の度合いの評価の難しさという事実があったからであろう。「きものは値段があって、ないようなもの」ともいわれたのは、こうした事情があるからである。

たとえば、友禅を例にとってみても、手描き友禅という「一点もの」の高額商品もあれば、型染め友禅のような、量産化と低価格化が可能な商品とが併存しているが、一般の人には、それぞれを見分けることは難しく、ましてや値段の適正評価などはしにくい。たとえば、ある業者が「作家もの」と銘打って、有名な作家、あるいは賞などを受賞した作家のデザインを、型染め友禅で複数作ってきわめて高額で売ったとする。複数のコピーが存在する、比較的安い商品であるが、元のデザイン自体は、有名、もしくはそれに準ずる作家によるデザインである。（むろん「作家もの」と銘打つこと自体には何ら問題はない。）

ともあれ、明らかに「一点もの」（一点しかできない「手描き友禅」）ではないのであるが、「作家もの」と銘打つことで、あたかも「一点もの」で非常に高価な品であるかのような印象を消費者に与えてしまうのである。（一般の人には評価できなくても、きものの専門家や訓練を積んだ人から見れば、どのような価値を持つきものかは、一目瞭然である。）

つまり、こういう特殊な市場構造と商品特性を持つ和装きもの業界に携わる人間には、高度な倫理性が要求されているのである。「過量販売」の問題は、こうした特異性のある業界事情のなかで、一部、倫理性に欠けたと言わざるを得ない人々によって引き起こされた悲劇だったといえるのかもしれない。

そうした倫理性の欠如を如実に示す判例が、２００８年１月に高松高裁で出た過量販売に対する判決であった。あるチェーン店系の呉服店が、１年５か月の間に、ある個人に対して総額約６０００万円のきもの等の売買取引を行ったことに対して、過量販売、過剰与信をしないという信義上の義務があるとして、その義務に違反し、公序良俗に反して無効、不法行為法上も違法であるとし、裁判長は、その呉服店とローン会社に対して、既払金の賠償を命じたのであった。

しかし、業界内のごく一部の人間が引き起こした事件だったにせよ、そうした企業が、チェーン店を全国に多数持つほどに急成長してしまっただけに、社会的な反響と呉服に対する一般消費者のイメージ低下も実に大きかったのであった。

逆にいえば、ごく一部の企業で、こうしてひたすらに、業界の伝統的慣習を無視してまで、売上重視と拡大路線にひた走って、自らの墓穴を掘るようなことになった企業もあった時代のなかで、千總は、450年の伝統を重視して、顧客への信義を第一とするきものの品質最重視の商売で地道に歩んできた。そこでは、急成長もなかった代わりに、倫理という一本道を踏み外すこともなかったのである。

インタビュー（4）　きもの市場の落ち込みについて

創業450年以上の伝統を持つ千總を取り上げて出版する理由というのは、「伝統と革新」であり、すべての企業にとって、伝統と革新についての、その絶妙なバランス感覚のお手本になり得るからである。

仲田氏に店内を案内されたときも、「社長から指示がボンボン出てきて大変」という話もあったが、十五代目西村社長はそれを面白いからやっているのか、危機感から「やっぱり今までどおりではだめだ」という思いからやっているのか。いったいどちらの思いが基点になっているのか、そこを西村社長本人に訊いてみた。

西村　そらまあ、危機感のほうが強いでしょうね、ええ。やはり新しいことを、やっていかんといけませんし。かといって、古いもん、古いもんちゅうかねえ、今までやってきたことを捨てるということもありませんから。やはり、元があって、それによって新しいものができてきてるわけですから。

――ただ、昨日にくらべて、今日は、明らかに悪くなったということではないでしょうから、「心頭滅却すれば火もまた涼し」とばかりに、ドーンと構えているということも可能ではないでしょうか。あるいは、そんなにいろいろやらなくてもというご意見もあろうかと思いますが…。

西村　**しかし、それは徐々に徐々に（市場規模が）下がっていってますからね。それはやはり、何とかせにゃならんということはありますね。**

――やはり、市場自体が落ちてきているのが目に見えているということですか？

西村　**いや、（見て）わかるほど落ちたら、えらいことですよ。**

――和装きものの市場は、もう3分の1くらいに縮小したということさえいわれており、状況が決してよくないことは確かかと思いますが。

西村　**（和装きものの市況は）よくないです。**

（非常に難しい状況は未だに続いていると西村社長はいう。）

――和服・呉服市場の活況を盛り返すような策というのは、時々、「和服で○○へ行くと入場料無料」などというキャッチフレーズも見かけますが…。

西村　**ええ、ありますけどね。やっぱり、そういう、急によくなるという特効薬ちゅうのは、ないんですよ。商売ですからね。**

西村　公式の場で、フランス、イギリスのですか、やはり、ドレスは、日本人は似合いませんよね。向こうの人と並んでも体格が違うし、でも、その点、きものを着せるとねえ、それなりにちゃんとカバーできるし、別に大きな宝石なんか付けんでも、きもの着たら、それで十分通用しますからね。そういう面ではね、公式の場ではもっと着て欲しいんですけれどもね。

――たとえば学校教育のなかで、和装きものの着付けを教えるというようなことが必要なのではないでしょうか。

西村　もちろん、それも必要ですし、もっと国もね、たとえば、外交官なんかの夫人は、向こうに行ったときは、（洋装ではなくて、）必ず「きもの（和装）」を着るとか、

外国の（大使で）日本に来てる夫人なんて、皆、母国のちゃんとした正装を着てますわね。それを日本も堂々とやればいいんですよ。

――和装きものを、日本古来の民族衣裳として推進するべきであると…。

西村　ええ。…（推進など）やってないでしょ、今、日本は。そういうのじゃ、やっぱりいかんですから。そういうことを、ちゃんと国から、しっかりと指導してもらえるとありがたいですね。

5　逆境と苦境をどのように越えてきたか

先の「過量販売」問題から派生した一般的な呉服に対するイメージの低下も、逆境のひとつではあったが、千總は450年と歴史が長いだけに、これまで、逆境や苦境は数多くあった。

江戸時代には、先述した「奢侈禁止令」が幕府により発布され、金襴が禁制になったりした。金襴がダメなら、何とか贅沢な感じ・雰囲気を、許されたレギュレーションのなかで醸し出そうとし、それが、白地に手塗りを施した友禅ということであったとすれば、千總が友禅づくりに乗り出したのも、逆境を乗り越える手段のひとつであったのかもしれない。

しかし、450年の歴史のなかで、千總が一番の逆境だったと語るのは、明治時代に入ってからの社会文化環境の激変だったという。

明治新政府は、東京遷都を実施し、千總が本拠を置く京都の経済は、地盤沈下が激しかった。新政府はまた、西欧列強諸国に対して日本が平等な条約を締結できる相手だと思わせる必要性から、国策として日本の「欧化」政策、アジアを脱して西欧化を進めるという「脱亜入欧」政策を進めた。それが、西欧風建築の洋館のボールルーム（舞踏場）で洋装した日本の政治家や外交官や夫人らが西洋風の社交ダンスをして欧米列強の外交官らをもてなすという、夜ごと繰り広げられた「鹿鳴館外交《ろくめいかん》」であり、明治4年（1871年）に布告された、丁髷《ちょんまげ》をやめて散髪し、刀を腰に差すのはやめなさいという「散髪脱刀令」であった。

明治維新直後に新政府が発した太政官布告「神仏分離令」や、明治3年の「大教宣布」によって、各地で仏教寺院や仏像を壊し捨て去るという廃仏毀釈《はいぶつきしゃく》運動が起こったが、これは、欧化政策ではなく、神道国教化の狙いから出たものではあったが、これも、結果としては、日本の古い文化を捨て去ろうという社会的運動を加速した流れのひとつとなった。

こうした日本全体の風俗習慣が西欧風に激変し、人々の服装も洋装化していくなかで、和装呉服業界はたいへんな苦境に陥った。和装きものの需要は激減し、高級な友禅を求めるニーズも急激に落ち込んだのであった。

当時、千總の当主は第十二代西村總左衛門であったが、十二代總左衛門は、ここで一大イノベーションの導入に踏み切った。それが、型染め友禅（型友禅）という新技術の導入であった。それまでは手描き友禅しかなかったので、友禅染は「一点もの」しかつくれず、量産することができなかった。したがって、友禅はコスト的に値段が高くならざるを得ず、豪商や豪農といったような、社会的に比較的高い階層や富裕層を中心とする顧客がターゲットであった。しかし、明治時代の欧化政策によって、そのごく一部のマーケットのパイがさらに縮小するに至ったのである。

文字どおり、紙で「型」をつくって、同じ模様を何枚でも染められるという型染め友禅は、明治12年の京都博覧会で「鴨川染め」という名称で千總によって発表され、賞を受けるなど大きな反響を呼んだ。この十二代總左衛門の型友禅の導入によって、それまでの手描き友禅では不可能だった量産化とコストの低下が可能になり、友禅のマーケットが、一般庶民層にまで一気に広がる下地ができたのであった。

この型友禅という技術革新を可能にしたのが、明治になって外国から導入された合成染料の存在であった。合成染料を糯糊《もちノリ》に混ぜて色糊とすることによって、型紙による多色染めが可能になったのである。

量産化とコストの低下が可能になり、友禅のマーケットが、一般庶民層にまで一気に広がる下地ができたが、一般庶民層のなかでも風俗習慣の西欧化が進んでいることは事実であった。十二代總左衛門は、そこで、海外市場にも目を向け、壁掛けなどの美術鑑賞品の

十二代　西村總左衛門

用途で友禅染を輸出したのであった。しかし、製品を美術鑑賞品とするならば、伝統的な友禅柄ではなく、絵画的な特徴を持った友禅染をつくり出す必要があった。

　そういうこともあって、十二代總左衛門は、当時の新進気鋭の日本画家であった岸竹堂《きしちくどう》や今《いま》尾景年《おけいねん》、梅村景山《うめむらけいざん》、藤井《ふじい》玉洲《ぎょくしゅう》などといった、和装きものの図案家ではなかった芸術家に接触を図り、彼らに友禅染の図案を描いてもらうという、前代未聞のことをやってのけたのである。

　当時の欧化政策によって、最先端の芸術は油絵であるという風潮も出てきて、伝統的な日本画に携わる画家たちもやはり同様に窮地にあった。とはいえ、日本画家たちには、それなりの自負もあり、彼ら芸術家たちに友禅図案を描かせるにあたっては、十二代總左衛門は、その説得に苦心したのだという。

ともあれ、新進気鋭の日本画家や中堅の画家たちに図案を描いてもらうことに十二代は成功する。そうした画家たちのなかには、その後、画壇で錚々たる大御所となった芸術家も含まれていた。このような芸術家の能力を自らの製品デザインに取り入れた千總の友禅柄は、その芸術性において、さらなる進化と深化を遂げたのであった。

十二代總左衛門は、このような主に2つの施策、型友禅というイノベーションの導入と、日本画家という芸術家とのコラボレーションによる製品デザインの革新を成し遂げ、明治維新の欧化政策による逆境を見事乗り切ったのである。

さらに昭和に入ってからの危機は、第二次世界大戦であった。限られた資源のなかで物資と人員と国民の精神を軍事生産に集中させたかった政府は、物資統制を厳しく行い、「贅沢は敵だ」というスローガンの下で、軍事と関係の薄い産業分野にも統制の手を伸ばしたのであった。昭和15年（１９４０年）には国民服令が公布され、国民は陸軍軍服に似た「国民服」なる質素な洋服を着るべきだとして、友禅などの装飾豊かな和装きものは「贅沢」の最たるもののひとつとして、事実上、生産を禁止したのであった。

千總は、そうした状況下でどうなったか。政府は、友禅などの贅沢品を国民には着ないように促し、生産や販売も基本的には禁止したものの、その一方で、日本古来より続く伝統技術が途絶えないように、優秀な技術を有していたところに限り、「工芸技術保存資格

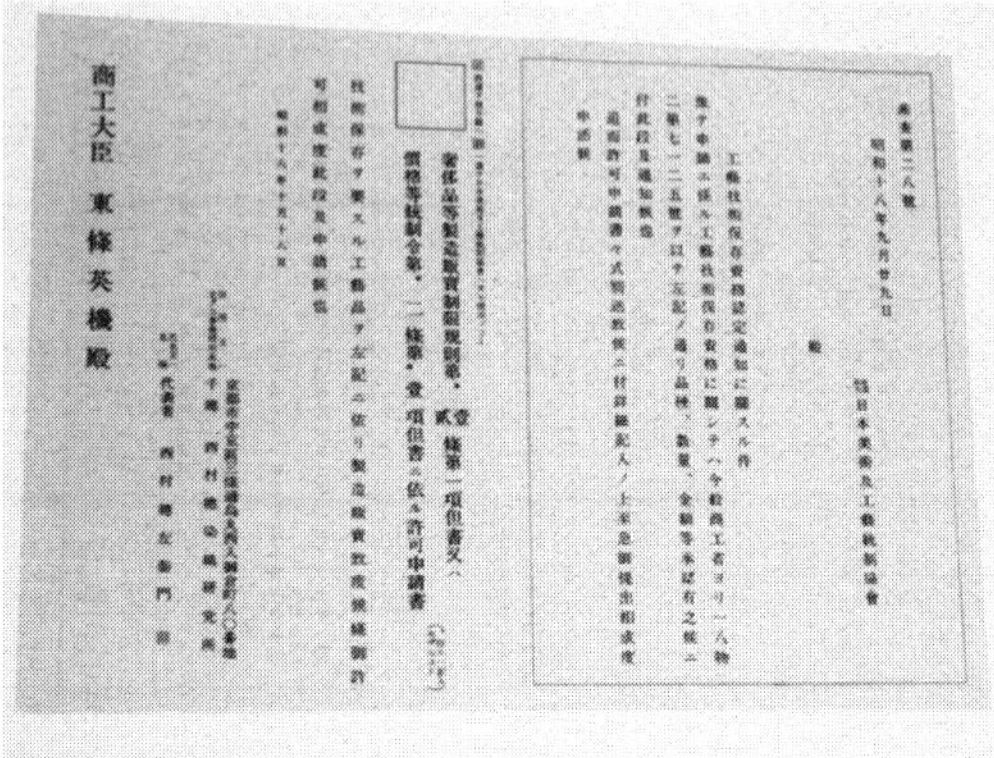

工芸技術保存資格者

者」の証明書を与えて、技術保存のための製造販売を許したのであった。

千總に与えられたその資格証明書には、「奢侈品等製造販売制限規則」とあり、「技術保存ヲ要スル工藝品ヲ左記ニ依リ製造販売致度候條御許可相成」と記してある。文書の後ろのほうには、「千總　西村總染色研究所」の名が小さく下に書いてあり、その後に、「商工大臣　東條英機　殿」の文字が、上のほうに大きく書かれてある。当時の政府の権力の大きさが感じられる。

現在の当主、第十五代西村總左衛門のときも、明治維新の欧化政策に次ぐくらいの大きな逆境に見舞われた。それが、バブルの崩壊であり、それに引き続くきもの市場の長期低落傾向であった。

明治期の十二代總左衛門は、日本画家という芸術家とのコラボレーションによる製品デザインの革新

図表4　千總の主な危機と対応

時代	危機の様相	千總の対処
江戸	奢侈禁止令：金襴の制限	・友禅染めの開始
明治	新政府による「欧化対策」	・型友禅の創出 ・海外輸出 ・日本画家の起用
昭和	第二次世界大戦 「贅沢は敵だ」 ：奢侈品等製造販売制限規則	・政府許可による技術保存のための製造販売の継続
平成	バブルの崩壊	・事業再編と人員縮小
	きもの市場の縮小	・他業界とのコラボ ・初の小売進出（總屋）

を推し進めたが、実は、十五代西村總左衛門も平成に入り、次々と新進気鋭の芸術家たちや他業界のブランドとのコラボレーションを推し進めている。

十五代西村總左衛門による、そうしたコラボレーションについては、後に述べていくこととする。

インタビュー（5）　危機に対して

これまでに経営危機、あるいは、それに準ずるようなことは、千總ではあったのであろうか。危機について訊いた。

西村　そらねえ、450年経ってますからね。ええときも悪いときも、いっぱいあったと思いますよ。

――社長は23年間、経営をなされてきましたが、その間で、一番の危機といえるのはいつでしたか？

西村　今ちゃいます？（笑）やっぱり、バブルの崩壊もありますしね。私ん時に…。その前だったら、まあ、十三代の時ですけれども。戦後の時ですね。…それから、あと、危機っていうか、やっぱり、変わったのは、明治維新。その辺でコロッと、変わってますから。それを（これまで）続けてきたっていうのは、その時その時、当主が、やはり、頑張ったっちゅうか、辛抱したっちゅうか…。そこでもう、アカンし、辞めるわって言うたら、そこで終わってるんですよ。ここまで続いているということは、その代、その代で、辛抱してきたからですよ。我慢して。

十五代目である現社長の代でバブルの崩壊があった。そしてバブル崩壊後に今日に至っているということは、失礼ながら、会社の規模もおそらくは、バブル以前の半分以下になって、非常に苦しい経営を味わったのではあるまいか。

西村　そうです。はい。まあまあ、しんどいのはしんどいですよ。

（西村社長は、思い出しながら苦しそうに目を細めた。）

――そのときは、どんな心情でしたでしょう？　当然、バブル崩壊当時の多くの企業のごとくに、リストラなどもやられたのではないのかと想像いたしますが…。

西村　リストラもしましたねえ。ええ、残念ながら。やらざるを得なかったんですね。

――それは、いつぐらいですか？

西村　平成6～7年、ちょっと後かな。

儀本　もう少し後ですね。（平成）10年くらいじゃないですか。

西村　…その頃が、一番、あれだったですね…。今から10年くらい前ですよ。

（それでは、逆にいえば、そのとき、思い切ったことをしなかったとしたならば、その後、結構、ピンチになったのではあるまいかと訊くと、西村社長は頷いた。）

――リストラをしなければならないと決断された当時、どんなお気持ちでおられたのでしょう？

西村　いやいや、そんな、思い出したくないですよ。…いや、それくらい辛いもんですよ。

（思い出したくないくらいに辛かったということは、ああいう思いは二度と嫌だという、そういう感じなのであろうかと訊くと、西村氏は、見るも辛そうに頷いた。涙こそ流さなかったものの、今にも涙を浮かべそうな表情であった。）

――それは結局、社長ご自身と同様、従業員・関係者、皆、そういう思いであったということでしょうか。

西村　皆、同じ気持ちでしょう。

（ということは、会社が栄えるのがよいことであるというのは、間違いない事実なのであろうかと訊くと、西村社長は感慨深そうに二度頷いた。）

6　平成のコラボレーション

第十五代西村總左衛門も平成に入り、次々と新進気鋭の芸術家たちや他業界のブランドとのコラボレーションを推し進めている。それはあたかも、明治期の第十二代總左衛門が、日本画家という芸術家とのコラボレーションによる製品デザインの革新を推し進めたことを思い起こさせる。

平成の千總も、新進気鋭の芸術家たちとのコラボレーションで、芸術家に図案を描いてもらい、それを友禅染で作品に仕上げるということを行っている。それは、きものをつくり上げる場合もあれば、額入りの作品の場合もあれば、屏風の場合もある。今や世界的なアーティストとなった村上隆の依頼で、友禅屏風も制作している。

さらに製品メーカーとコラボレーションする場合も多々あり、その種類も筆やカバン、スーツケースから、ロードレーサー自転車やサーフボード、ビーチサンダルに至るまで、多岐に及んでいる。アパレルの関連だけでも、ジーンズ、ドレス、女性下着、フィットネ

ス・ウエアのほか、人形の和装きものまである。
テレビでも、TBSのドラマ『華麗なる一族』のヒロインら女性出演者の衣裳は千總の製作であった。
また、ロッテの和風チョコレート『紗々《さしゃ》』のパッケージデザインも、千總が手がけた。商品が和風のイメージということで、ロッテのチョコレート『紗々』のテレビCMで起用したモデルが香椎由宇《かしいゆう》という、千總が振袖モデルとして使ったタレントと同じであったこともあってか、ロッテは、千總に対して、その『紗々』のパッケージデザインも描いてくれないかと依頼してきたのだという。千總にとっては、菓子のパッケージデザインを手がけるのは初めてのことであったが、結局、千總の図案室でそのパッケージデザインを描き上げた。
千總は、コラボレートすることが一見ちょっと考えつかないような相手とも次々と共同制作を行って

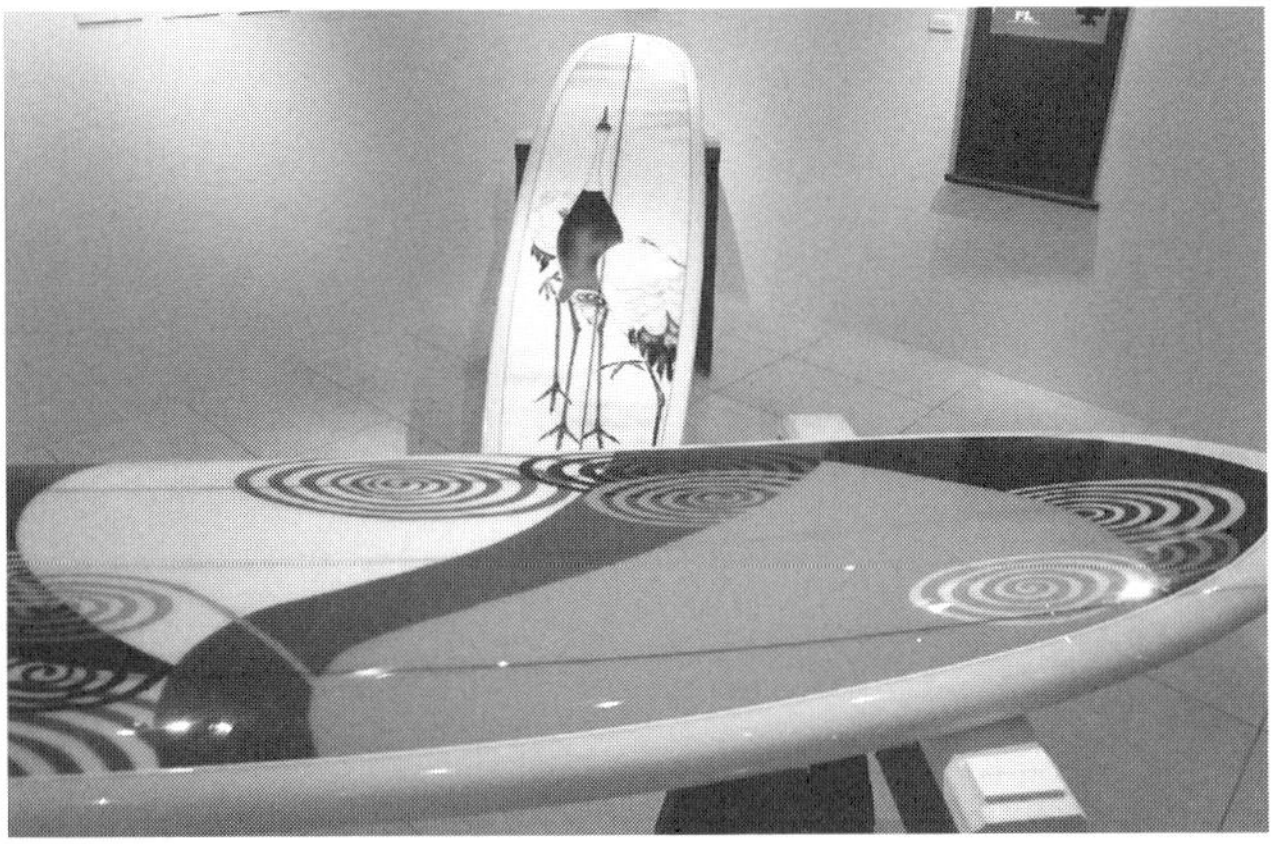

いる。それは、たとえば、KRUG（クリュッグ）というシャンパン・メーカーとのコラボである。
友禅染の会社が、フランスのシャンパンの製造元とどんなリンケージを考え得るであろうか。結局、KRUGとは、「シャンパンを最高に楽しむ究極の空間」をテーマに、KRUGの世界観を色鮮やかな手描き友禅と、ブドウ果汁で草木染めした糸と布地で、屏風などで表現したという。これを制作したのは、千總の職人であるが、フランスのシャンパーニュに行き、現地のピノ・ノワール、シャルドネ品種のブドウ果汁で染めるのであるが、問題は水洗で、京都の軟水と違って、フランスの水は硬水である。思ったとおりに染まらない可能性が高い。そこで、当の職人は、事前に、日本で硬水がある場所に行って、硬水で処理したらどうなるかということを予行演習してから渡航し、シャンパーニュ入りしたとい

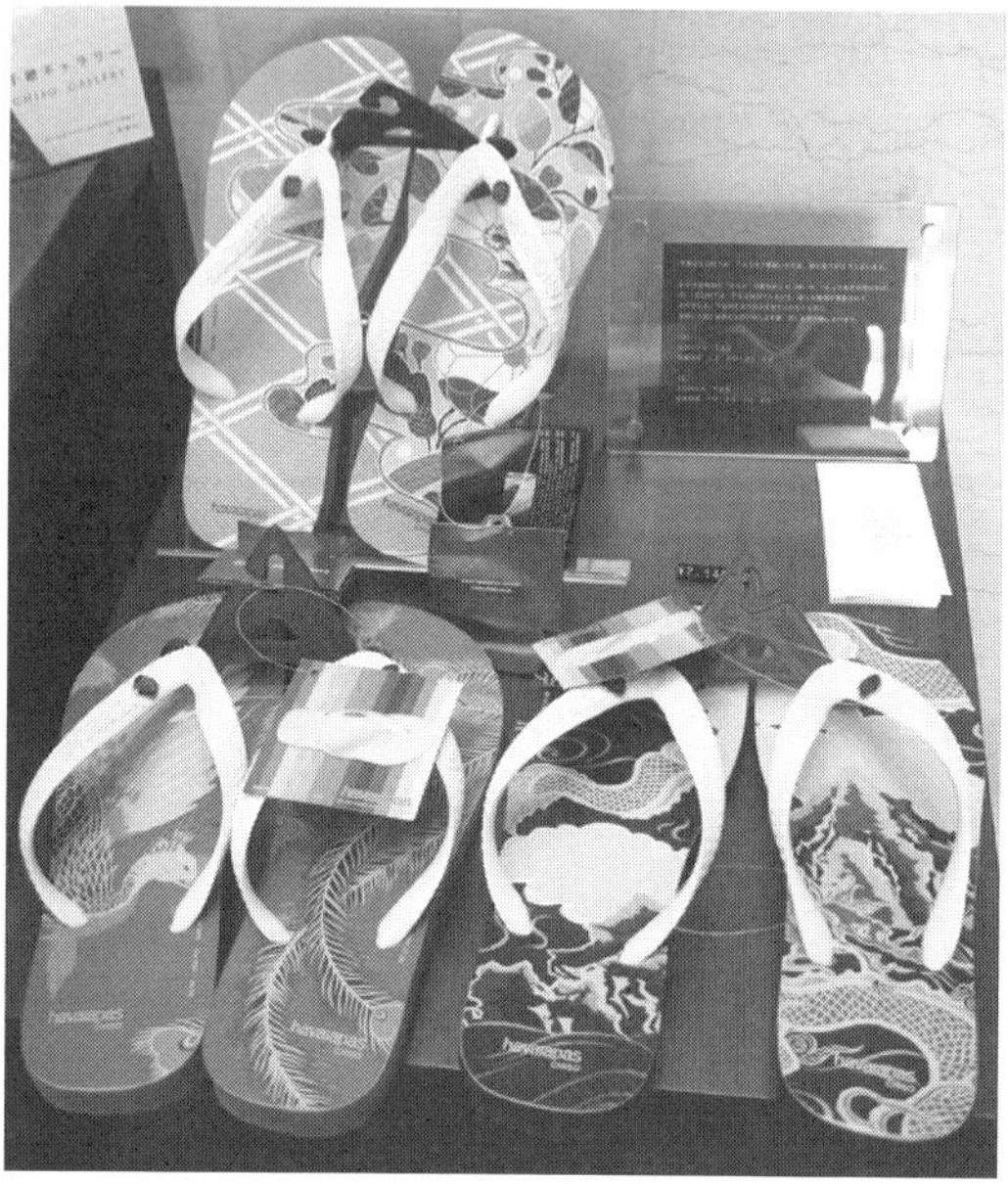

う気の入れようであった。
　ジーンズ・ブランドのｓｐｏｔｔｅｄ ｈｏｒｓｅ（スポテッドホース）と友禅柄の入ったジーンズをつくったときも、大変な手間をかけた。そもそもジーンズのデニム地は、藍染めである。しかし、友禅は白生地でないと染まらない。そこで、ジーンズのデニム地のなかで、友禅柄を入れる部分だけ白く脱色して白生地をつくり、そこに友禅染を施したのであった。
　また、世界的なファッションデザイナーである山本耀司（ヨウジヤマモト）とのコラボ（カラー口絵4ページ参照）もある。

千總が行ってきたコラボレーションを図表5にまとめた。

和装きものからは何とも連想しがたいのが、ブラジルのビーチサンダル・メーカーｈａｖａｉａｎａｓ（ハワイアナス）と協力してつくった友禅柄のビーチサンダルである。１回目は、千總の４５０年を記念してつくり、２回目は、日本人のブラジル移住１００周年を記念してつくったのだという。思えば、ビーチサンダルは、日系移民の履いていた草鞋《わらじ》がルーツだという説もあるとされ、ゆえに、友禅柄が似合わないはずがないのかもしれない。

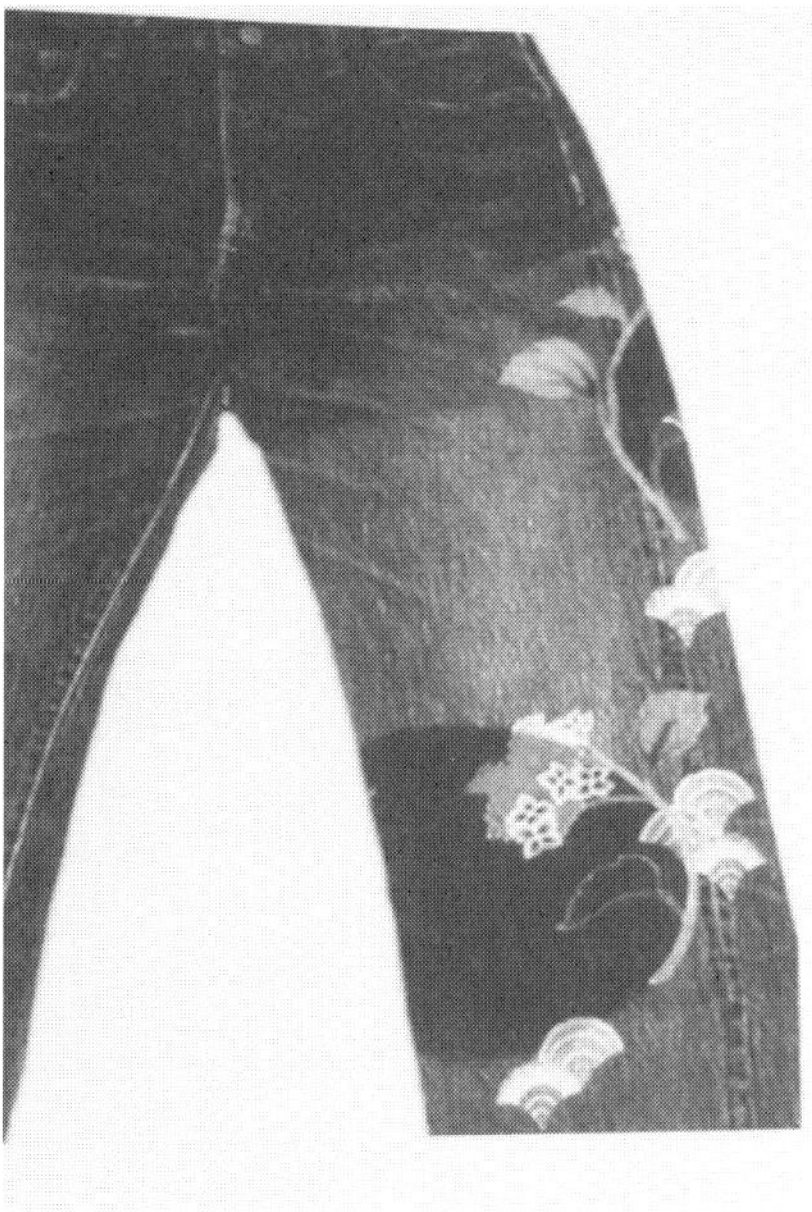

ビーチサンダルと同様に、驚かされるのが、なんといっても、米国のＴｙｐｈｏｏｎ（タイフーン）と共同製作したサーフボードであろう。いったい、友禅染の会社がサーフボードをつくるなどということを、誰が思いつくだろうか。千總はそれをまじめに国際的な合作でやってのけたのである。

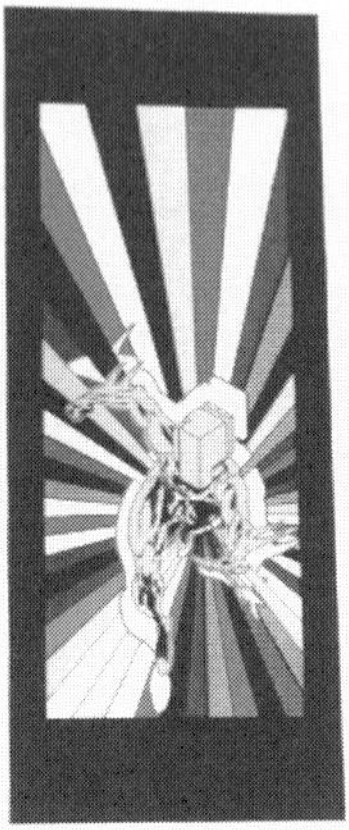
DELTA

FAFI

しかも、特に利益のことは考えていないという。なんと柔軟性に富む会社であろうか。いや、それは、十五代西村總左衛門の思考の柔軟性でもある。思考の柔軟性とともに、短期での企業の利益を考えていないのである。目先の利益のことを考えたなら、とてもこういう真似はできない。普通の企業であれば、たかが数年の社長としての任期のなかで、業績を残そうと思えば、短期の利益に結びつかないような、こうした取組みは、おそらくは、却下されてしまうのではなかろうか。サラリーマン社長ではない、十五代も続く千總の当主であればこその長期的な戦略発想と言えはしないだろうか。

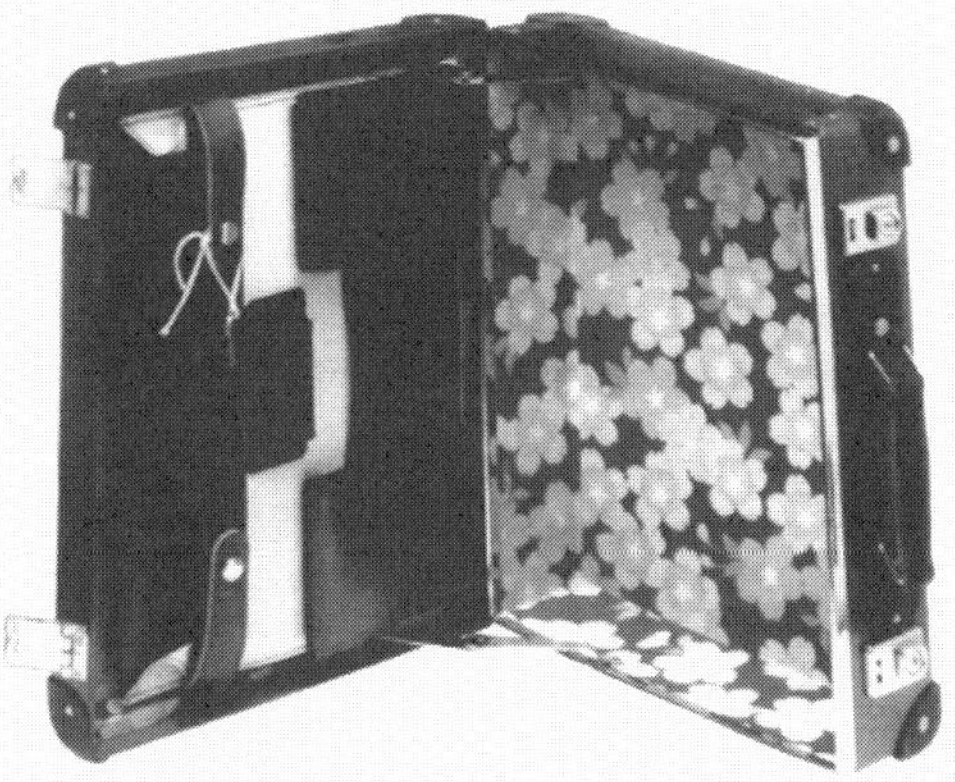

千總×GLOBE TROTTER

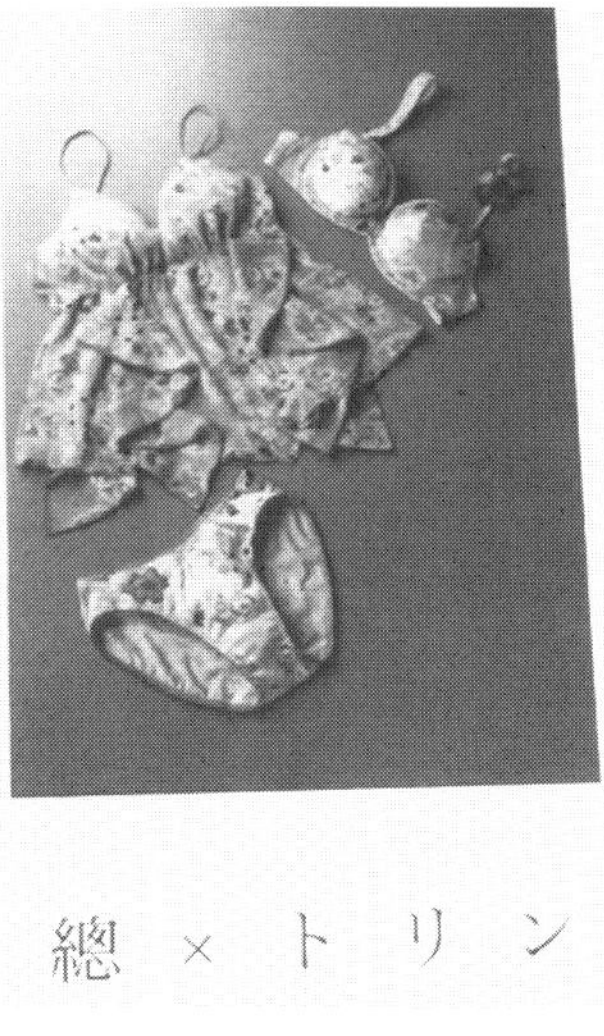

千 總 × ト リ ン プ

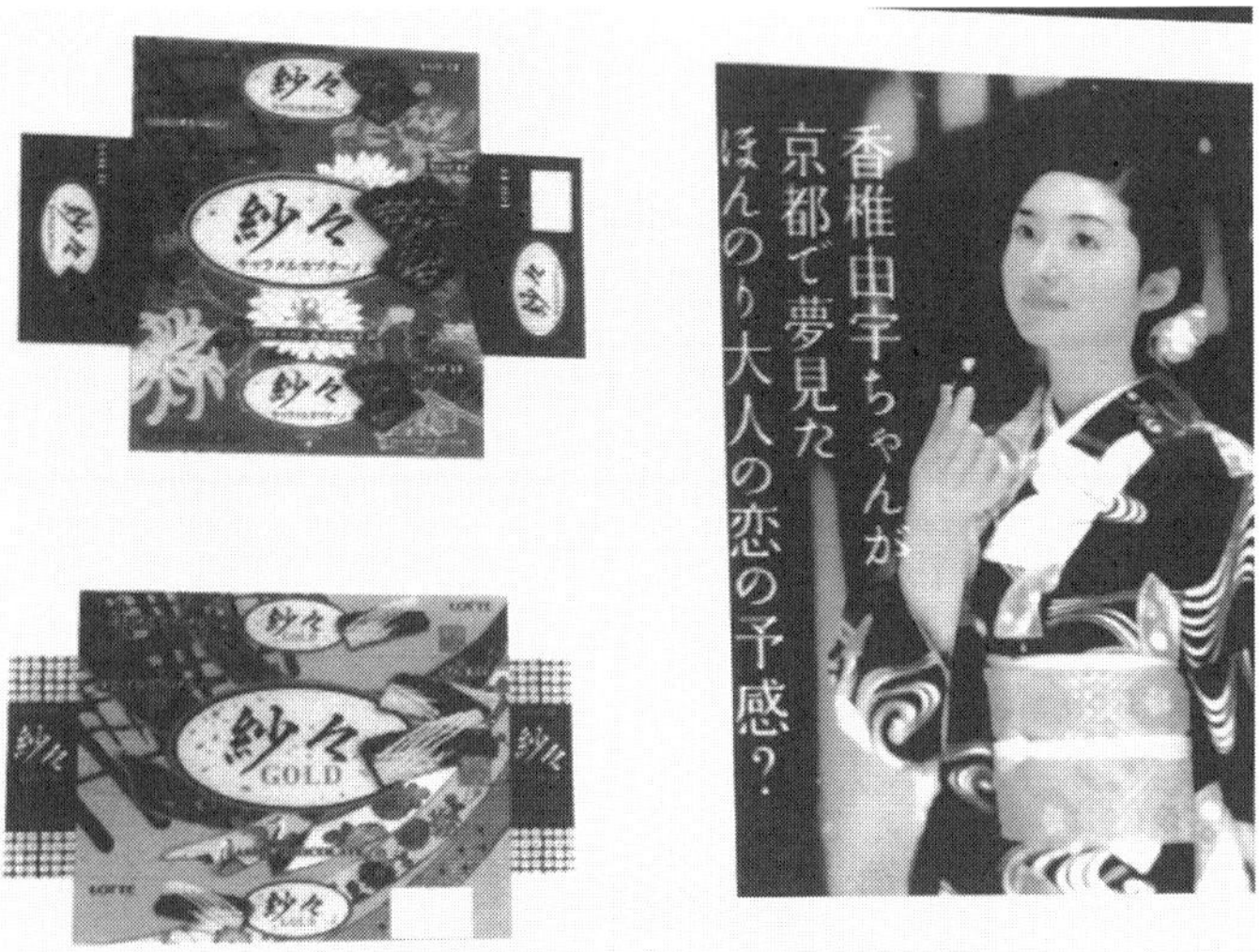
紗々
紗々
GOLD
香椎由宇ちゃんが
京都で夢見た
ほんのり大人の恋の予感？

千總 × ロッテ

図表5　千總が行ってきたコラボレーション一覧表

コラボレーション相手	相手の専門分野（国）	コラボで何を作ったか	コラボ作品の特徴
白鳳堂	筆専業メーカー（日）	和装用の化粧筆	筆の柄《え》部分に友禅柄
Typhoon（タイフーン）	サーフボード制作（米）	サーフボード	表面に友禅を貼り込んだボード
HYSTERIC　GLAMOUR（ヒステリック・グラマー）	レディースファッション（日）	きもの	HYSTERIC GLAMOUR 図案の着物
アキボウ	自動車・自転車輸出入（日）	ロードレーサー自転車	漆黒のフレームに花鳥風月
GLOVE TROTTER（グローブ・トロッター）	旅行カバン製造（英）	スーツケース	旅行鞄を開けると、中が友禅柄
GIORGIO ARMANI（ジョルジオ・アルマーニ）	ミラノ発ファッション（伊）	レディース・ドレス	友禅柄の洋装ドレス
PORTER	カバンの製造（日）	カバン	和装の旅がテーマ：着物収納鞄
spotted horse（スポテッドホース）	ジーンズ製造（日）	ジーンズ	デニム生地に友禅染めの柄
村上　隆	前衛芸術家（日）	屏風	村上隆デザインの友禅染め屏風
ロッテ	菓子製造（日）	チョコパッケージデザイン	ロッテ「紗々」のデザインを千總が
トリンプ	下着製造（日）	女性下着	友禅柄のブラとショーツなど
デサント	スポーツウエア製造（日）	ヨガのフィットネス・ウエア	友禅柄のフィットネス・ウエア
havaianas（ハワイアナス）	ビーチサンダル（ブラジル）	ビーチサンダル	鳳凰、龍、桃山といった和風柄
SWAROVSKI（スワロフスキー）	クリスタルガラス（オーストリア）	スワロフスキー装飾きもの	友禅の流水文様にライスストーン
KRUG（クリュッグ）	シャンパン製造（仏）	シャンパンを楽しむ空間	友禅の屏風等、ブドウ果汁で染め
BITOWA（ビトワ）	会津塗り製造（日）	イスとテーブル	源氏物語テーマに漆塗上に友禅
BLYTHE（ブライス）	人形（米：日でライセンス生産）	ブライス人形の和装きもの	ブライスの友禅着物や花魁衣裳
TBS（東京放送）	テレビ放送・ドラマ制作（日）	『華麗なる一族』の衣裳	出演者に千總の華麗なる友禅
サントリー	飲料メーカー（日）	お茶のパッケージデザイン	「伊右衛門 秋の茶会 宇治碾茶の旨み」

インタビュー（6）コラボレーションについて

他の分野の企業と協力してひとつの商品をつくっていくというようなコラボレーション企画では特にそうだと思われるが、パブリシティというか、いろいろ取材で取り上げられることも多いと思われる。そういう場合、パブリシティ取材をするメディアを、千總の側が選ぶのであろうか、それとも、パブリシティで書いてくれるならば、すべてウェルカムで、どんどん協力していくという姿勢なのであろうか。メディアに対応する姿勢について訊いた。

西村　**基本的にウェルカムですけどね。なかには、断るのもありますよ。**

――それはどういう基準で選別しているのですか？

西村　**やっぱり、ちょっと違うなというところがありますから。**

――たとえば、ヘアヌードが載っている週刊誌は千總の基準やイメージと合わないとか、そういう基準ですか？

西村　以前、テレビ番組で、お笑い系の人が来たことありましたけどね、お笑い系の取材みたいの。それは、断りましたけど。

――お笑い系の番組が、なぜ、よりによって、高尚な友禅の千總に？

西村　うちじゃなしに、この町へ（取材に）来てるわけなんでね。

――たとえば、「ハウマッチ？」みたいな、「この友禅はおいくらでしょうか？」というような、そんなものは今までに来たのでしょうか？

西村　それはちょっとないですね。今まで。

――もし来たら、どう対処されますか？

西村　さあ、どうしましょう。（笑）

仲田　やっぱり、取材の趣旨をお聞きしてですね。基本的に、伝統であるとか、老舗であるとか、それから友禅をきちんと扱っていただけるとか。そういうことに関しては、どのメディアに関しても、対応はしようと、思っていますけれども。

――ファッションデザイナーの山本耀司氏とコラボレートされたことがありましたが、それはどちらのほうから話が出て実現したのですか？　また、その目的は？

西村　あれは最初は、…どっから来たんや？

礒本　最初は、ちょうど社長と山本耀司さんの間に、共通の知人がおられまして、まあ、向こうの方が、1993年もそうですが、94年モデルもそうですね。日本を題材に、和を題材にというので、ジャポニズムというテーマでコレクションをされたんですけども、きものを使いたいということで、京都で探されておられたみたいで、そのときに、社長に出会われた。ま、ご紹介を受けたということです。で、（山本さんが）こちらに来られて、モノを見られて、気に入られて、それを使われたと。最初はそういう経緯で進んでいったんです。で、そこから、友禅の技法とか、最初はきものだったんですけど、それではなくって、技法を応用して、今に至っているわけですけど。そこから15年…

西村　15年くらい経ってるね。

礒本　15年ほど経ったと、いうことです。…コラボレートということできものを発表したっていうのは、450年のときに、「千總創業450年記念展」を開催したんですね、そのときにはすでに、山本耀司さんとはビジネス的には仕事をしていた経緯もありまして、その450年のなかのテーマとして、お客様に、過去・現在・未来という形を見せようと。それで、宝ヶ池の国際会議場を使いまして、その過去・現在・未来ということを想像させるような、部屋割りというか、空間割りで、展示会をしたわけです。で、「過去」（のテーマ）は…

西村　小袖とかね、で、現在実際に売っているものが現在で、未来は、耀司先生が考えられたようなきものということで。

礒本　そういう意味で、題名が「リノベート」っていうことで、数点、展示をしたと。それがまあ、(山本さん)個人とのコラボレーションではあると思います。

——蜷川実花さん監督の映画『さくらん』では、御社の型友禅の見本帳の柄が映画のセットの襖や壁に使われたということでした。このときは、どういうふうに声がかかったのですか?

西村　『友禅グラフィックス』って本を出しましたんで、それをご覧になった関係者の美術担当の方が、これを使いたいんですがって、ご依頼をいただいたんで、どうぞという形で。

——『さくらん』の美術提供では、御社に何らかの収益が入る仕組みがあったのですか?

仲田　収益はなかったですね。クレジット(字幕に社名)だけで…。たとえば、『美しいキモノ』(雑誌)とかにもきものを貸出ししてますし、テレビのドラマにも衣裳提供したことがありますし、それに関してお金をもらったということはないですね。

——パブリシティで取り上げられて、一躍有名になったとか、著しい効果があったとか、そういう事例はありますか？

西村　それはメディアということで？　まあ、近年で一番多かったのは、『華麗なる一族』ですね。

西村　それやね。うん。

（2007年のTBS開局55周年記念特別企画テレビドラマ・日曜劇場『華麗なる一族』が、一番反響が大きかった。）

仲田　TBSの『華麗なる一族』に、衣裳提供したんですよ。

西村　きものは、全部うちの。はい。

仲田　基本的に、衣裳提供はしてないんですよ。というのは、きものだけなんで…。たいてい、うちに（提供依頼に）来られると、全部借りられると思うんですよ。それで、うちはきもの屋じゃないですと言うと、小売店に行く場合が多いわけです。

『華麗なる一族』の場合は、TBSの方から、神戸が舞台ということで、どうしても、千總のきものを着させたいと、そういうご依頼がありましたので、そういう（きものだけしか貸せない）ご説明もして、帯は川島（織物）さんに行ってくださいとか。まあ、そうまでしてもぜひ！ということだったので、『華麗なる一族』にはお貸しをして、…それもクレジットだけですけどね。しかし、それはだいぶ反響があった。それこそ、地方にはすごい影響ですよね。東京とかよりも、北海道に行っても、九州に行っても、『華麗なる一族』のきものは千總さんでしたよね」みたいなことは、大きかったですね。

――「クレジット」、つまりテレビ番組の字幕で「千總」の文字を見て、直接御社に電話とかが視聴者から掛かってきたのですか？

仲田　はい、そういうのもありましたし。千總ファンの方々からしたら、「あれ、千總じゃない!?」って、番組を観てたら、やっぱり千總さんだった、と。もしくは、全然知らない人が、「千總」っていうのを（字幕で）見て、いろいろホームページで調べてくれたとか。そういうのもあります。

――「思ったよりも反響があった」とか、「思いがけない反響があった」とか、どういう印象でした？

西村　そういうこともあるんやないかと思ってたんですけれども。そこまで（反響が）あるとはと…、そういうことですね。

――海外のメーカーとのコラボレーションも多いようですが、たとえばビーチサンダルの場合はどんな感じでしたか？

仲田　ハワイアナスの場合は、ブラジルから、日本的なモデルを出したいということで、千總にご依頼いただきまして。2005年のモデルと、今販売しているモデルなんですけども、これでだいたい、7000円とか8000円くらいしてるんですけども。普通のハワイアナスのビーチサンダルだと1500円。で、これで、全世界で販売していま す。ハワイアナスのブランドとしては、富裕層向けというか、普通のスポーツ用品店ではなくて、パリのプランタンであるとか、セレクトショップで販売しています。

――これは御社にプロフィットとして、何らかの収入が入る仕組みがあるのかと思いますが、どの程度のロイヤルティが入るのですか?

仲田　売上の何パーセント、ほんの微々たるものです。

――そうなんですか…。

仲田　うちはもう、きものを販売していれば、それで(商売は)成立してるんで。ビジネスとしてよりは、こういうふうに世界的なブランドさんなんでね。それで今年、(ブラジルのハワイアナスと)なんでやるかっていうと、移民100周年とかあるんです、いろいろ。そういうことで、まあ、協力しましょうっていう形です。

7　450年間で初の小売進出

千總は、2006年11月、本社ビル1階に創業以来450年目にして初めての小売店「總屋《そうや》（SOHYA）」を開店した。「總屋」の「總」の字は、言うまでもなく、千總の「總」である。

千總は、創業時の法衣から始まり、金襴に進出し、その後に友禅に進出するというふうに、扱うきものの種類の変更はあったものの、この450年以上にわたって、一貫してきものの製造と卸に携わってきた。しかし、千總が450年間やってこなかったことは、最終消費者向けの店舗を自ら持って売るという「小売り」であった。千總は、全国の百貨店や一部の呉服店をそのチャネル（流通経路）とし、自らつくったきものを卸してきたのである。

これまで、そうした百貨店などの売り場に、販売協力という形で、自社の商品の特徴を最終消費者に仔細に説明するという目的で販売員を派遣することはもちろんあったものの、

自ら小売店を持つということを、千總は創業以来一切してこなかった。それを、創業450年目にして、「總屋」で初めてやったのである。
　ただ、千總にとって初めての小売進出とはいえ、千總のすべての商品を總屋で小売りすることになったわけではない。總屋の一番の特徴は、その取扱い商品の価格レンジにおける自社製品のなかでの差別化にある。千總の通常の中心価格帯は、百貨店での希望販売価格において、通常、50万円～100万円が中心で、プレミアム商品の価格帯としては100万円超の商品もある。しかし、總屋での価格帯は、それを大きく下回る15万円～30万円の商品が中心になっている。しかもこの価格は、通常は別途となる「お仕立て代」も含んだ価格であり、いわば、「仕立て上がり価格」となっていて、価格的に消費者が取っ付きやすくしてある。

和装きものの生産流通プロセスは、図表6に示したように、多層的である。群馬県など、蚕から生糸《きいと》：絹糸をつくる産地があり、その生糸を友禅染用の白生地に製造する産地がある。一方で、京都の西陣織のような、生糸を染めてから、その染まった生糸を織ることで柄模様をつくるきものの場合は、白生地ではなく、生糸の形で産地から仕入れる。西陣には、その生糸をどんな色にでも自由自在に染められる職人がいる。

染めと織りとでは、そういった違いがあるものの、その後のプロセスは、

製造卸問屋　→　前売問屋　→　小売り　→

最終消費者

ということでは、ほぼ共通している。このプロセスのなかで、千總は、創業以来、ずっと製造卸（問屋）の位置にあった。自ら製品をつくって卸

図表6　和装きものの生産流通プロセス

売りはするが、最終消費者に対して自らの店舗を持って小売りをすることはなかったのである。

なぜ、創業以来、変えなかったことを、千總はここにきて小売りに進出したのであろうか。この總屋を開設した年、2006年といえば、京都の呉服の町、室町が「たけうち」の倒産ショックに揺れていたころであった。百貨店の呉服売り場も縮小傾向がずっと続いてきていた。和服業界のなかでも曲がりなりにも成長を遂げていた「京都たけうち」も倒産して、京都の呉服の町、室町に一大ショックが及んでいた。

…未来永劫、販売ルートを百貨店だけに頼っていって、果たしてよいのだろうか…。そういう危惧が千總のなかに生まれ育ち、何らかの試行錯誤をする必要に迫られていたことは確かであろう。

インタビュー（7）　總屋について

西村　百貨店などの人たちが聞いたら怒るかもしれないけど、ずいぶんと力が弱まってますからね。

――それは端的にいうと、百貨店はもう、当てにはならないから、自ら売るしかないということなのでしょうか？

西村　いや、すぐそういうことにはなりませんけれども。

――それで、「總屋」を始められたということですか？

西村　ええ、そういうこともあって、總屋は始めたんですけれども。だからといって、すぐ売上げがあがって、すぐ百貨店に取って代われるか言うたら、とんでもない話なんです。…けども、いずれそういうことの仕掛けみたいな感じで（始めた）。で、總屋は總屋でまた、百貨店で出している商品とはまったく違うもの出していますんでね。

――總屋は、千總４５０年以上の歴史のなかで、千總が小売りに乗り出した、初めての、画期的（エポックメーキング）なことと思われますが…。

西村　ええ、まあ、そういうことですよね。

――總屋が例外（初めての小売り）と考えれば、御社のことを「メーカー」と呼んでよろしいのでしょうか？

西村　うん、まあ、比率からいうと、まだまだメーカーですね。それで（總屋で）売ってるものというのは、もう、ごくごく一部の話ですから。まだまだメーカーですね。

――御社についての書き物に、染め屋だか、染め物屋だかという表現も出てきますが…。

西村　そんなん、言ったかいな。

仲田　製造卸ですね。製造して、問屋業まで。

西村　まあ、メーカー問屋って言ってますけどね。

仲田　で、次に、即、小売店になるんですよね。通常ですと、製造メーカーがあって、問屋という分野が成立していて、それで、小売店なんですけれども。小売りまではなく、自ら作ったものを、問屋の機能を自ら持って、そして、全国の百貨店で販売しているという、いわゆる、製造卸業という形です。

――ということは、仲卸《なかおろし》はないわけですね。

仲田　（千總の友禅の流通プロセスに、仲卸は）ないです。

西村　いや普通は、作ったところから、仲間問屋《なかまどんや》といったところから前売問屋《まえうりどんや》へ行って、百貨店なり専門店へ行くわけなんですけれども。それがなしで、うちはその、仲間と前売と一緒になったような感じで、職方に作らしてるわけですよ。それで直接、百貨店なり専門店に卸しているということなんで。

――この室町の呉服問屋は、他の会社も、やはり、同じ製造卸という形態なのですか？

西村　（千總と同じような製造卸という形態）ではないですね。

（とすると、そのなかにあって御社は、かなり独特な存在なのであろうかと訊くと、西村社長は肯定した。）

西村　ほとんど、仲間とか前売とか、分かれてますから。

――それは、どうして、そうなったのでしょうか？　つまり、千總が業界のなかで独特になってきたのは、どういう事情によるものなのでしょう？

西村　どうしてそうなったかっちゅうことは、わかりませんけどね。それなりの職方を持って、そして、やっていたという…。なんか昔から、（うちには）貿易店がありましてねえ、そういうまあ問屋のごちゃごちゃしたのじゃなしに、作ったモノは自ら売ろうというようなところもあったんじゃないですか。

千總は、總屋を２００６年11月から始めたが、總屋の商品の価格帯は15万円～30万円である。ということは、千總のプレミアムブランドからくらべると、總屋の価格帯はかなり低いということになる。しかも、總屋の価格にはすでに仕立て代が含まれている。この總屋の価格設定についてはどうなのか。千總のプレミアムブランドに対して、どういう意味合いを持つことになるのか。そこにどういう戦略が潜んでいるのか。

西村　まったく違うものを、まったく違う考え方でやってますから。

――とはいえ、總屋は千總の本社ビルの1階でやっているということで、千總のプレミアムブランドに何らかの影響、強いていえば、悪影響を及ぼす危険性はありませんか？

西村　それは今のところないです。

――たとえば、自社初めての小売店で、もっと価格の高いものを扱うべきだったと考えたことはありませんか？

西村　（もっと高級品を總屋で）欲しいって方はおられますよ。

――そういう顧客が現実にいるならば、将来的にはそういう高価格帯の方向に自社販売品をシフトしていく可能性もあるのでは？

西村　また違うことであると思いますね。そういうことは…。總屋は、總屋です。

――ということは、總屋は、あくまでも入門者相手の低価格帯で終始する方針を貫くということですか?

西村　ま、わかりやすくいえばそうですね。

――まず總屋で、入門ブランドとして、友禅がどんなものなのかを試してもらって、ということですね。

西村　まあ、「入門ブランド」というか、常にお召しになる方は、そういうところが要るんですよ。そういう方でも、やはり、ちゃんとしたときには、一番良いものをお召しになると…。普段お召しになるものは、そういう（比較的安価な）ところを狙っているとか、ちょっと変わったものが欲しいとか、そういう方がありますので、その、いつもいつも、こんな良い（高価な）ものばっかりをお召しになるというわけではないですから。

――普段着みたいな形で着られる、比較的安価な気楽な友禅を總屋で売っていくということでしょうか?

西村　「普段着」といったら、アレですけども…。やはりちょっと、簡単に着るという場合は、そういうものを（お召しになる）。

仲田　でも、社長がおっしゃられたように、色無地で15万っていったら、高価です。

――たとえば、（筆の専業メーカーの）白鳳堂の高本社長も、従来OEMでやっていたのが、自社ブランドを持ったら、結構、OEM（Original Equipment Manufacturer：他社ブランドの製品を製造する企業）先のメーカーから軋轢があったというようなことを言われている。要するに、今まで卸していたところから、「なんでこんなことをするんだ」というようなことを言われた、ちょっと一悶着あった、というようなことを言われていましたが、御社の場合はどうだったのでしょうか？　總屋で、自社販売をやるぞと言って、御社が従来、販売を頼ってきた百貨店などから、反発はありませんでしたか？

西村　そらまあ、ないことはないですよ。やっぱりありましたよ。

（西村社長は、不敵な面構えで平然と言った。その表情には、京都の町衆の意気然、凛とした雰囲気が漂っていた。）

8 デザインへの執念

千總本社1階の「伊右衛門サロン」の瀟洒な入り口を歩み入ると、吹き抜けの開放的なカフェ空間のなかで、左側に大きな階段が上へと伸びている。そこが、千總ギャラリーへの入り口である。階段を上りきると、そこには、広いブティックかミュージアムショップのような感じで、さまざまな洒落た千總のコラボ商品などが並んでいる。このミュージアムショップのような店が、2008年6月にオープンした、「SOHYA TAS《ソウヤ・タス》」である。

SOHYA TASは、伝統的な友禅を現代文化のなかに発信していきたいという願いを持つ千總が、友禅の新しい可能性を模索するアンテナショップとして千總ギャラリーの前室に設けたものであり、千總の子会社である株式会社あーとにしむら（社長　礒本延）によって運営されている。

SOHYA TASの壁面には、今までに、新進気鋭の作家たちとのコラボレーション

でつくった友禅の額が飾られており、奥には、非売品ながら、米国のＴｙｐｈｏｏｎと共同製作した、友禅を表面に貼り込んだ大きなサーフボードも飾られている。販売されている商品としては、絵葉書、一筆箋や便せん、風呂敷、ハンカチ、バッグ、シルクシフォン生地に和様柄を染め上げた大判ストール、デザイン性に優れた傘やカジュアルシャツ、ブラジルのハワイアナスと合作した友禅柄のビーチサンダルなどがある。どれも、きものとは直接関係がなさそうなものばかりながら、その意匠には、友禅にルーツを持つ優雅で華やかな模様が見て取れる。

ＳＯＨＹＡ　ＴＡＳの若い女性店員に一声かけて、隣の千總ギャラリーへと入る。明るい照明に満ちるＳＯＨＹＡ　ＴＡＳとは一転して、ギャラリーの室内は薄暗く、ぐるりと壁際の展示ガラスのなかに並べられた小袖たちが、静謐として浮かび上がる。

この千總ギャラリーに展示してあるのは、千總（千總資料館）が所蔵する小袖や屏風などのうちの、ほんのごく一部にすぎない。時々、展示替えが行われ、一定のテーマに則した展覧会も開催される。千總が所蔵する小袖は、120領にも上るという。千總がなぜ代々、長期にわたって、膨大な小袖や染色下絵や屏風などを保有するに至ったのか、それは、デザイン資料蒐集と技術集積という目的があったからである。

十五代西村總左衛門が、私どもとのインタビューのなかで、特に家訓はないものの、『開物成務《かいぶつせいむ》』とかは言われてますけどね」と答えている。「開物成務」とは、『易経』から来た言葉で、「人知を開発し、事業を成し遂げさせること」（大辞泉）だという。つまり、千總にとって、広く人知を開発するために行ったことが、デザイン資料蒐集と技術集積だった

のではなかろうかと思えるのである。

であるとするならば、「開物成務」とは、「開く」という文字を使うとおり、「オープン・イノベーション」（ヘンリー・チェスブロー教授）にも通ずる言葉であったと言えはしまいか。「オープン・イノベーション」というキーワードでみると、千總が、業界の枠を超えて、一見連想しがたいような相手とも広くコラボレーションを行ってきた理由がよくわかるように思えるのである。

デザイン資料蒐集というと、オリジナリティを自己以外のところに求めているようで、模倣のように感じる向きも、もしかしたらあるかもしれないが、伝統的絵画の世界では、画風や技法を習得するために、優れた先人の作品をエミュレートすることは、実に重要な手段であった

という。千總は、明治時代に、新進気鋭の日本画家たちに「染色下絵」を描いてもらうことに挑戦し、それに成功しているが、岸竹堂や今尾景年らによる下絵は、こうした意味において、「下絵」という呼び方よりも、「原図」、ないしは、「粉本《ふんぽん》」と称したほうがよいのではないかと、京都文化博物館学芸課の藤本恵子氏は述べている（『京の優雅～小袖と屏風～』）。

「粉本」は、古画の臨模本を指すものだといい、近世の代表的流派は、その家の画風や技法を伝授するために、そして、先人のものの見方を認識し、技術を習得するために、粉本を修行の方法として重視してきたのだという。十二代西村總左衛門は、友禅図案のマンネリズムとワンパターン化を打破し、デザインに新風を吹き入れ、真の伝統的芸術性を呼び込もうとして、新進気鋭の画家たちと折衝して、デザインを描いてもらうことに成功した。

千總のこうしたデザインへの執念は、もの凄いものがある。それは、十二代總左衛門の執念であったと同時に、戦国時代から代々続く千總のＤＮＡでもあったに違いない。千總のコア・コンピタンスは、デザインへの執念なのかもしれないと、思えてならないのである。

インタビュー（8）図案の重要性について

結局、製品を売れるまでに持っていくためには、やはり図案とか、デザインとか、お客様に好かれるデザインを発注しなければならないということかと訊くと、西村氏は強く共感するように、「そうです、そうです。はい」と何度も頷いた。

つまり、何よりもデザイン力というのが非常に重要になってくるということであり、千總はデザイン力に450年以上も注力してきたということなのである。お客様に好かれるデザインを考案して描く中核となるのが、千總の図案室である。現在、図案室には、10人の要員が働いていて、そのうち、専属のデザイナーは6人である。

仲田　残りの4人は社員です。10名のうち、6人は専属で、いわゆる、図案を、うちが買っているわけですよ。6人は千總の資料を自由に見てもいい。そして、製作部が発注するものを描いてもらっている。で、1枚いくらで買うわけですよ。

議本　まあ、ハウスデザイナーと、外部デザイナーみたいなものです。ただ、外部（デザ

イナー）が、場所がここで、やってもらってると。

――デザイナーの専属契約というのはどういう形態をとるのですか？

西村　「一枚いくら」です。

仲田　契約書はないです。

――それはハウスデザイナーよりも高い？

礒本　（社員のデザイナーよりも、専属契約のデザイナーのほうが）もちろん、高いでしょ。

――そういった専属デザイナーが、交代とか、辞めるというのは、どういうときなのですか？

西村　そらもう、年齢のこともありますからね。

――一枚当たりいくらということは、たとえば、一年間に一枚も売れない専属デザイナーを、もう専属でないようにするとか、そういうこともあるのですか？

西村　やっぱり、いろいろデータがありますからね。値段も変わってきます。

仲田　図案家が勝手に書いて、それを買うわけじゃないですからね。私どもの製作部が発注するわけですから。こういう絵を描いて欲しいと。それを買うわけです。

――その発注される方というのは、何人くらいいらっしゃるのですか？

西村　まあ、うちの製作部がいますから。

――製作部には、何人くらいいらっしゃる？

西村　10人くらいですか。あのう、いわゆる「特選」(「特選京友禅」) をやってる人間がいるんですけれども、そういう者と、振袖をやっている人間、訪問着をやってる人間とか、それぞれいるわけですよ。で、彼らが発注するわけです。

――千總始まって以来の社員デザイナーだという方は、若い方のようですが…。

西村　今、いくつやった？

礒本　34です。

仲田　10年前からです。

――専属デザイナーでずっとやってきたものを、インハウスデザイナーを雇うというのは、その10年前に社長が方針を変えられた、ということなのですか？

西村　ま、そうですね。

――その狙いは、どういうことでしょう？

西村　狙いはやはり、技術の継承でしょ。そらまあ、いろんな技術的なこともありますし、ええ。まあ、誰でもいいわけではないですよね。やはりそれだけ描ける人でないと、ダメですから。

――「専属」とはいっても契約はなくて、いつ出て行くかわからないわけで、社員で（社内にノウハウを）持ったほうが、知的財産上も、リスク上もいいという意味もありますか？

西村　いや、そういうこともないんですけどもね。

図案を発注する部署も、その担当者は相当知識がないとダメであろう。こういう図案を描いて欲しいというための、土台となる体系的知識が必要なのではなかろうかと訊くと、西村社長は強く同意した。

――市場動向を見計らって、こういう柄が今人気だと、または、今はあまり人気がないけれども、こういう図案が、デザインが人気を呼ぶんじゃないかと…。そういう目利きがいないとダメということでしょうか？

西村　そうです、そうです、もちろん。昔はね、図案屋が売り込みに来たこともあるんです。図案を、自分の描いた…。で、図案展、展示会もありましたからね。そうしたなかでまあ、注文したりもしてましたけど、今は、それ、まったく、なくなりましたから。それだけ、今、こっちで、描いてるんですけども。

――たとえば、今働いている31歳の方が千總に入ったというのは、ほとんど新卒ですね？

西村　美術の学校を出て。ええ（新卒で）。

――そういう方というのは、採用した翌日からすぐ描けるものなのですか？

礒本　それは描けないです。

――どのくらいかかるものでしょう？

礒本　まあ人によりけりですけれども。その子の場合は、割合と早かったんで、3年ぐらい。

仲田　昔は図案家に弟子がついていたから、先生先生と言われながら、まあその方がうちの専属となるか、独立するか、それは別としても、そういう徒弟システムじゃないですけれども、あったんです。やっぱり10年前くらいから見ていて、そういうシステムがなくなるから、先生が辞めたって言ったら、うちはその図案が抜けちゃう。以前だったら、先生が辞めても、じゃあ、うちの弟子の何々をお願いしますというような形で、結構、入れ替わりが果たせていたんですけど、なかなかそうはいかなくなった。

そういうときに、これも、そういう狙いがあったかなかったか、うちの会社で、きものデザインの募集をしたときに、ひとり、金賞を与えたのが、今ここで描いている今井淳裕《あつひろ》なんですよ。初めてのことですから、うちとしても。素地があるだろうということで採用したというのが、経緯ですね。

それでも3年かかるわけです。それを給料じゃなくて、弟子みたいな形で、まあどういうシステムか、「お小遣いで生活せいっ」っていうような形だったら、なかなか難しいんじゃないですか。

――今井さんが、使えるようになるまでの3年間というのは、どなたが教えたのですか?

礒本　いやそれは、もともと同じ部屋で。

仲田　先生が…（先生と呼ばれる人が教えていました。）

西村　あのう、今はもう亡くなられた先生が元々おられて、その方のお弟子さんが、今ここでやってるわけですよ。で、その人が、今、今井を教えてるわけなんです。

仲田　独立していますけれども、みんな仲良しというか、いわゆる千總の図案を描くわけですから。そういった意味では、根本が通じていないといけないわけで。そういうことを、職人の方が、今井にも教えてくれたということですよね。

——それは経営的に考えると、内製化をして、企業秘密なり、技術の伝承を図るという、そういうふうにも分析できますが…。

仲田　そういうことはないですね、別に。（笑）社長が言われたように、うちの技術の高さっていうのは、真似できないと思っていますから。別に隠すこともまったくないと思っているし、見せても真似できないぐらいの高さを持っていると思っていますので、染めに関しても、何に関しても。だって、今でしたら、相方《あいかた》で振袖を発表しますでしょ、もう、すぐにカラーコピーできますから。

——そういうのは困りますね。

西村　まあまあ、真似するよりも真似されたほうがいいと思って。

——コピー（模倣品）のほうが高いなんていうこともあるんですね？

西村　高い場合があるんですよ。（他社の）流通が複雑で…。

――でも両方をくらべてみれば、こちらのほうが技術的に上に見える…。

西村　ええ、それは両方くらべればね。まったく違います。

仲田　でも、くらべて買うわけではないですから。流通がまったく違うところで、百貨店以外の専門店さんで、仲間卸を通してね。

――表現は悪いんですが、殿様商売的な面もある感じですね。どっしりと腰を据えたままで…。

西村　それはありますね。

明治になってから、合成染料が輸入された。天然染料から合成染料への変更だった。友禅が大きな技術的変革を遂げたのは、合成染料で、糊《ノリ》に混ぜることが可能になって、縮緬《ちりめん》への写し友禅が可能になったからである。一大イノベーションだった。

――近年では、合成染料の導入のような、技術的一大イノベーションというのは起きているのでしょうか？　また、そういう取組みはなされているのですか？

西村　いや、今のところないですね。で、私の希望としては、やはり、今、「堅牢度」（染色堅牢度）の問題がありますよね。そういうのが解決できるような染料ができないかなと。

（注：染色堅牢度とは、日光や洗濯、汗など各種の外的条件に対する染色の丈夫さの度合いのこと。）

――何の問題ですか？

西村　「色やけ」。…色やけしますでしょ。そういうものをしないような染料が…

――つまり、紫外線に強い（染料）ということですか。

西村　まあ、紫外線ていうかね、太陽に当たったら、いっぺんに飛んでしまいますから。

――そういった研究を、たとえば、大学の研究室に委託するとか。

西村　いや、まだまだしてないです。いや、どこかにあるはずなんですけどね。

――探していらっしゃる…。

西村　ええ。…なかなか出てこないですね。

――千總のデザインを蒐集した貴重な「見本帳」を十五代目にして初めて公開されたということですが、どのような形で公開されたのですか？　また、それは誰に対しての公開だったのですか？

西村　誰に対してっちゅうことじゃなしに、一応、グラフィックの本にして、その本を一般に、…本屋さんで売ってますから。だから、美術関係の学校の生徒さんなんかは、やはりよく買っておられますね。

——京都の伝統工芸の世界で、昔からのデザイン・意匠を、デジタルアーカイブにしようという動きが一方でありますが、御社のような見本帳をデジタル化して、それを何らかの新しいビジネスモデルとして構築されていこうとか、そういうお考えはありませんか？

西村　考えはあります。まだ（実行）してないですけど。

——それは楽しみ。

西村　いやいや。（笑）

9　経営学のフレームワークによる千總の分析

千總の分析（1）【従来のマーケティングの枠組み（4P）による分析】

本節では、千總の友禅が生み出している顧客価値を理解するために、4P（Product, Price, Place, Promotion）を組み合わせてマーケティング・ミックスとして打ち出すという、従来のマーケティングの代表的枠組みによる分析を試みる。同社のマーケティングの特徴を4Pの枠組みにより分析し、まとめると**図表7**のようになる。

一般的には「十分な品質の製品を、安い価格で、広い流通チャネルで、大量に広告・宣伝して販売する」というのが従来の基本的なマーケティング・セオリーである。これに対して、千總のマーケティングを検討すると、図表7に示したように、むしろ完全にその逆を行くような「こだわりの最高の品質の製品を、高い価格で、狭い流通チャネルで、ほとんど広告・宣伝しないで販売する」となっている。したがって、4Pという従来のマーケ

図表7　千總の友禅の4Pによる分析

4P	千總の友禅の状況
Product （製品）	・450年の伝統を背景とした和装きものづくり ・江戸時代の宮崎友禅を始祖とする京友禅。「京友禅といえば千總」 ・「はんなりとした（華やかな）」色づかいと伝統柄に特徴 ・手縫いで生み出される多品種少量生産
Price （価格）	・国内の他のきものに比べると高価な価格帯（50〜100万円を中心として100万円以上のプレミアム品も） ・450年目に始めた總屋は、15〜30万円が中心
Place （流通チャネル）	・製造卸のため、ずっと小売は自らはやってこなかった ・全国の百貨店に卸し、百貨店の呉服売り場で販売 ・450年目に始めた總屋（本社1Fの店舗）で、初めての小売進出
Promotion （プロモーション）	・一般的な広告宣伝はほとんどしない ・女性ファッション誌、きもの雑誌の和装記事への衣装協力が中心 ・TBSドラマ「華麗なる一族」で、衣裳協力

ティング・ミックスの概念で同社製品の人気の秘密を理解するのは限界があることがわかる。

千總の分析（2）【経験価値の枠組みによる分析】

4Pのような従来の基礎的なマーケティングのセオリーではとらえきれない商品の場合、特に感性にかかわる部分で人気を左右するような商品の場合は、経験価値の理論的枠組みでうま

図表8　千總の友禅の経験価値モジュールによる分析

経験価値モジュール	千總の友禅が有する経験価値
SENSE （感覚的経験価値）	・鮮やかで美しいデザイン
FEEL （情緒的経験価値）	・一流の「千總」ブランドを着ているという嬉しさ ・京都文化の粋を身にまとうという高揚感
THINK （創造・認知的経験価値）	・455年もの長い歴史に対する驚嘆と賞賛 ・遠祖が宮大工や法衣商であったことの意外感 ・複雑多岐な工程とその各プロセスに携わる職人の職人技への興味と賞賛 ・近年のさまざまなコラボレーションへの驚きと好奇心 ・自社店舗を設けて初めて小売りに進出したことへの関心 ・デザイン（衣裳）への執念に対する驚嘆と賞賛
ACT （行動的経験価値）	・京都三条通の本社内アートギャラリーや總屋や伊右衛門サロンを訪れるという行動 ・和服を着用して日本文化を大切にするライフスタイル
RELATE （関係的経験価値）	・和服を愛用する特定階層や同好者との連帯感

く説明できることが多い。

そこで本節では、千總を経験価値マーケティングのフレームワークで分析を行い、従来のマーケティングの考え方では説明できない要因を考えてみることとする。

米コロンビア大学のバーンド・H・シュミット教授は、個人が企業やブランドに接する際、実際に肌で何かを感じたり感動したりすることによって、その人の感性や感覚に訴える価値を「経験価値」と呼んだ。シュミット教授が提唱している戦略的経験価値モジュール（SEM）の5つのモジュールである、SENSE（感覚的経験価値）、FEEL（情緒的経験価値）、THINK（創造・認知的経験価値）、ACT（行動的経験価値）、RELATE（関係的経験価値）により、千總の経験価値について分析を試みた内容を図表8に示す。

1．SENSE（感覚的経験価値）

○華やかで美しいデザイン

千總の友禅の意匠は、京都言葉でいうと、「はんなり」というひと言で表現することができる。「はんなり」とは、華やかで明るく色鮮やかな様を表す京都独特の美意識であり、「はんなり」の語源は一説によると、「華なり（花なり）」であるともいわれる。よりわかりやすくいうと、京都の花街《かがい》の舞妓さんのきものの華やかさこそが「はんなり」の世界である。この美意識を一貫して友禅の意匠に込めて作り続けてきたのが、千總であった。

2．FEEL（情緒的経験価値）

① 一流の「千總」ブランドを着ているという嬉しさ
② 京都文化の粋を身にまとうという高揚感

この項目に、「着心地のよさ」をあげようかと最初考えた。しかしよくきものの世界を実地検討していくと、それを挙げるのは難しいことが推察された。なぜならば、日本のきもの（呉服）は直線で構成される衣服であり、たたむのも直線的に縫い目に沿って折るように仕舞う。さらには、人間の個々人の身体に合わせて仕立てたり、サイズを選ぶ洋服と違って、きものは個々人の体型に合わせて仕立てたりするということがほとんどない。どうやって個々人の身体に合わせるかというと、着付けの技術でそれをやってのけるのである。であるから、当然、日本のきものの着心地は、いきおい、着付けの巧拙に左右されることになる。また、素材も、ほとんどが正絹であるため、きわだった着心地の違いは製造メーカーによって、洋服ほどには生じにくいという事実がある。

千總の友禅における「ＦＥＥＬ（情緒的経験価値）」とは、やはり、「千總」という一流ブランドを着ているという嬉しさにあるということがいえる。また、京都の文化は歴史的に日本の中で最高の文化とされてきた。それは平安期以降の歴史において、長く天皇を中心とした貴族が住む都であり、長く政治経済の中心地であり続けたという事実に由来している。首都が京都から東京になっても、日本人にとっては、その長大な歴史的背景を頭の中から払拭することは不可能であり、一流の京友禅や西陣織のなかに京都文化の粋を直観的に感得しているのである。ここにおいて、京都文化の粋としての千總の友禅を身にまとうという高揚感が、情緒的経験価値を向上させることに大きく寄与していると考察することができる。

3．THINK（創造・認知的経験価値）

① 455年もの長い歴史に対する驚嘆と賞賛

「450年以上前、千總はどのように始まったのか」および「インタビュー　法衣から友禅へ」の項で述べたとおりである。

② 遠祖が宮大工や法衣商であったことの意外感

「450年以上前、千總はどのように始まったのか」および「インタビュー　法衣から友禅へ」の項で述べたとおりである。

③ 複雑多岐な工程とそれに携わる職人の技への興趣と賛嘆

「友禅染めの複雑な工程と職人集団」「インタビュー　友禅染めの工程と職方について」の項で述べたとおりである。

④ 近年のさまざまな異業種とのコラボレーションへの驚きと好奇心

「平成のコラボレーション」の項で述べたとおりである。

⑤ 自社店舗を設けて初めて小売に進出したことへの関心

「450年間で初の小売進出」の項で述べたとおりである。

⑥　デザイン（意匠）への執念に対する驚嘆と賞賛

「デザインへの執念」の項で述べたとおりである。

以上のように、千總の経験価値はTHINKに特徴があることがわかる。

企業が永続するということが、表向きには当然のことのように見えて、実はたいへん困難なことであるということは、誰もが知っている。それは、世間一般にいわれるジンクス、「企業は三代目で潰れる」という風評が、そういった一般の人々の考えを裏打ちしているものと推量することもできる。企業を100年間永続させるには、おそらくは、当然のことながら通常は三代以上の世代交代が必要であろう。千總の社史は455年であり、時代の大きな変遷を乗り越えて、企業をそれだけの長期間存続させることがどれだけ大変なことかは、想像に余りある。人々は、その長い歴史に対して、驚きと賞嘆を隠し得ないであろう。

友禅の千總の遠祖が宮大工であったということに対する意外感は、聞く人誰もが感ずることである。それは、宮大工が携わる建築という分野と、友禅の装束という分野が、硬軟遠く隔て分かっているからに違いない。そしてその次に驚くのが、友禅の前に法衣を扱っていたということである。たとえ法衣が友禅と同じ装束分野であることが前提だとわかっていても、また、友禅の前に金襴を扱っていたというのは、きらびやかさでつながりが見いだせるので容易に理解できても、友禅の華やかさと法衣の幽暗さとは、どうしてもリンケージが思い浮かばないのである。しかし、このワープ（warp　瞬間時空移動）にこそ、千總の進化と永続の秘密が見いだせる重要な理由が存在するであろうと、筆者は勘案する。いずれにせよ、遠祖が宮大工や法衣商であったことの意外感は、消費者の認知的経験価値を高めるのに役立っている。

友禅の複雑多岐な工程と、それを支える職人技への興味と賛嘆は、千總においては際立っていると観察される。それは、ロボット化された機械生産プロセスを通じて生み出された商品がほとんどすべてとなった現代において、千總の友禅がまったく職人の手技によって生み出されている事実に対する賛嘆である。

近年のさまざまなコラボレーションに対する驚嘆も、消費者の創造・認知的経験価値の増大に寄与している。それは、そのコラボの相手が、異業種で想像もつかないような相手とアイテム（品目）であればあるほど、その意外性が消費者の好奇心を刺激していると考察することができる。

自社店舗を設けて初めて小売りに進出したことへの関心も、認知的経験価値に寄与している。455年の長大な歴史を持つ老舗が、なんと450年目にして初めて小売りに進出したという驚嘆が、消費者の大脳に大きな論理的揺さぶりをかけると推察される。

4．ACT（行動的経験価値）

○京都三条通の千總本社にあるギャラリーや總屋や伊右衛門サロンを訪れるという行動

千總本社は、京都三条烏丸にある。京都の三条通は今も京都の中でもお洒落で賑やかな街である。この三条烏丸は、今から約900年前の平安時代に遡れば、「三条烏丸御所」（三条南殿）があった由緒ある場所である。「三条烏丸御所」は、鳥羽上皇に献上され、歴代の天皇が出入りしていたという。そこには、寝殿造の邸宅に島が浮かぶ池や玉石が敷かれた遣水《やりみず》や大小の景石で飾られた庭園が存在していたとされる。天皇や貴族たちが、その庭園で曲水の宴を開くなどして、平安貴族の中心的な交友の場となっていたという重要な場所なのである。こうした三条通の千總本社を自ら訪れるという行為は、消費者の行動的経験価値を否が応でも刺激するものと考察される。

5．RELATE（関係的経験価値）

○和服を愛用する特定階層や同好者との連帯感

和服を愛し着用するということは、昔は日本人であれば誰でも当然のことであったが、明治時代の脱亜入欧政策によって日本人の洋服化が進展し、今では和服を着るということ自体が特別な儀式のためか、もしくは趣味の機会のためという一種特殊なものとなってしまった。それ自体はきもの産業にとっては憂慮すべきことであったが、反面、和服を愛用する層が特定の文化的階層に限られてきたことによって、その階層の中の人々に特別な連帯感が生まれてきたことも事実である。特に、千總を愛用するようなハイエンドの層は固有の民族文化を支持しているという自負心も強く、同好の士に対する連帯間も生まれやすい。そうした地合いのなかで関係的経験価値という要素が生じてくることが推定される。

6. 小括

図表8のように千總の友禅などの製品を経験価値創造の視点から分析した結果、SENSE、FEEL、THINK、ACT、RELATEの経験価値モジュールのいずれもが高度な水準で具備されており、千總の製品は経験価値の集合体であるといえる。とくに、THINKに特徴があり、いわば「薀蓄《うんちく》で着る」という側面が強いことがわかる。また、従来のマーケティングの枠組みである4Pよりも5つの経験価値モジュールにもとづいたほうが整然と説明することができ、より説得性があるように思われる。したがって、千總

は、経験価値を顧客に提供し、顧客もそうした経験価値に感動し支持してきたといえる。千總を分析するにあたって、SEMにおける特徴として浮かび上がった千總の経験価値に着目すべきであると考えられる。これらについては、千總の特徴として既に説明したとおりである。

千總の分析（3）【SWOT分析】

次に、千總の内部環境と外部環境に分けて、SWOT分析を試みる。SWOTとは、Strength, Weakness, Opportunity, Threat という4つの言葉の頭文字であり、強み、弱み、機会、脅威という4つの要素から企業のマーケティング環境を分析する手法である。千總に関するSWOT分析を行った結果をまとめて**図表9**に示す。

1．強み（Strength）

第一に、STRENGTH（強み）であるが、

・「京友禅といえば千總」といわれるほどの高いブランド力があげられる。

・450年以上の伝統が持つ威光が、その高いブランド力を下支えしている。この450

図表9　千總のSWOT分析

	好影響	悪影響
内部環境分析	【強み（Strength）】 ・「京友禅といえば千總」といわれるほどの高いブランド力 ・450年以上の長い伝統 ・膨大な染色下絵等の蒐集資料 ・高級百貨店での販売	【弱み（Weakness）】 ・自社直販（小売り）を近年まで長く行ってこなかったこと
外部環境分析	【機会（Opportunity）】 ・村上隆などの芸術家や、SWAROVSKI（スワロフスキー）、KRUG（クリュッグ）、PORTERやデサント等の他業界メーカーとのコラボによる実験的開発	【脅威（Threat）】 ・若者の和装離れときもの市場の長期低落傾向 ・「京都きもの友禅」に代表されるような、安価な友禅販売 ・京友禅のライバルとしての加賀友禅

年という歴史は、外部に対する後光となって輝くとともに、経営陣や社員の自負心と働く意欲、士気というものを裏書きしているように思われる。

・高度な技術を持つ職方があり、またその多くが古くより代々千總専門であったということは、千總の技術力を支える強力な強みとなっている。

・千總の資料室に長年蒐集した小袖や染色下絵や屏風といったデザイン資産の膨大な蓄積は、伝統を踏まえたデザインや、斬新なデザインを創出していくうえでの、非常に大きな強みとなっている。

・ずっと高級百貨店の呉服売り場をチャネルとしてきたということは、千總の強みでありつづけてきた。なぜならば、呉服屋から始まった有名百貨店が多いので、「三越で仕立てる」とか、「高島屋で仕立てた」とかいうことが、顧客のステータスであった時代が長くつづいてきたからである。また、経営資源的に見ると、チャネルを外部に任せることで、店舗の開発と維持に莫大な費用をかけなくて済み、経営資源を自らの得意な製造に集中できるということもあったであろう。しかし、強みであったことが、ずっと続くとは限らない。百貨店の呉服売り場はどんどん縮小傾向にあり、百貨店も昔のように呉服に力を入れないようになってきている。かつて、千總の強みでありつづけた、高級百貨店の呉服売り場をチャネルとしてきたことは、いまだ強みではあるものの、その半面、弱みになりかねないという面も出てきていることも確かである。このことについては、次の項目の弱みでもあげなければならないことである。

2. 弱み（Weakness）

第二に、WEAKNESS（弱み）であるが、

・自社直販（小売）をしてこなかったことは、強みでもあったが、弱みにもなりはじめているということは、前の強みの項で述べたとおりである。つまり、高級百貨店の呉服売り場をチャネルとしてきたことは、強みであるとともに、弱みでもあるという、二律背

反的な状況を呈してきているのである。

3．機会（Opportunity）

第三に、ＯＰＰＯＲＴＵＮＩＴＹ（機会）であるが、

・村上隆といったような世界的な芸術家やＳＷＡＲＯＶＳＫＩ（スワロフスキー）、ＫＲＵＧ（クリュッグ）、といった海外メーカーや、ＰＯＲＴＥＲ（ポーター）やデサントやトリンプといったような国内メーカーなど、他業界・他分野の製造業者ブランドとのコラボレーションによる、実験的な開発をつづけている。こうした開発の中で、非売品のものもあれば、友禅柄のビーチサンダルのように、実際に千總で販売するにいたった商品もある。今のところ、本業に利益として寄与できているものは実際にはないが、こうした実験的開発は、クリエーティブな芸術的創造という意味で、一部の先端的な人々の間で千總の名を高めている。また、他業種とのつながりもできつつあることから、こうした実験的開発から利益が出る商品が将来生まれるかもしれない。

4．脅威（Threat）

第四に、ＴＨＲＥＡＴ（脅威）であるが、

・市場環境として、若者の和装離れと、きもの市場の長期低落傾向があるということが、まずあげられる。
・「京都きもの友禅」に代表されるような、安価な友禅販売の台頭も、千總は「まったく違う商売」であるとしていて、それも事実ではあるが、やはり、脅威のひとつとしてあげられるであろう。
・京友禅のライバルとしての加賀友禅も、友禅を選ぶときの消費者にとっての代替選択案であるからには、これも脅威のひとつとしてあげられよう。
・その他、洋服洋装が明治の欧化政策以来、そして現在も、きもの市場を侵食しているとするならば、洋服洋装業界も、脅威としてあげることができる。

千總の分析（4）【市場地位（マーケット・ポジション）】

次に、千總の市場（業界）構造における地位を三次元的に分析する。
「千總は、友禅市場において第一位である」という文がある。
これは、きもの業界の誰もが認めるとおり、真である。
「千總は、友禅市場において第一位である」という文がある。

これは、偽であろうか。答えは、偽でもあり、真でもあるのである。

どうして、このような、論理的に整合性のない事実がまかり通るのか。それについて述べる前に、まず、業界内における「4つの競争地位」というフレームワークについて述べたい。すでにご存知の方もおられるだろうが、それは、①リーダー、②チャレンジャー、③フォロワー、④ニッチャー、の4つである。

リーダーとは、業界におけるトップ企業である。しかしここで、何においてトップかという問題がある。マーケットシェアにおいてなのか、品質においてなのか、技術力においてなのか。「マーケット・ポジション（市場地位）」という場合、通常は、マーケットシェアにおいていうことが普通である。

次に、チャレンジャーとは、リーダーの地位を狙っている二番手の企業のことをいう。フォロワーとは、リーダーの動きに追随して動く下位の企業である。これは、コバンザメのイメージであろうか。そして、ニッチャーは、その業界における他社とは別の動きをして、狙いをまったく別のところ（ニッチ・マーケット）に定める企業である。通常、大きな目標は大きな企業がすでに狙ってしまっているため、大きな企業が目を向けないような小さくて特殊な目標に狙いを定めることになる。

この「地位競争」のフレームワークでいうと、千總は、友禅業界のリーダーである。

図表10　市場地位マトリックス

経営資源の状況		量	
		多い	少ない
質	高い	リーダー	ニッチャー
	低い	チャレンジャー	フォロワー

ここで、最初の矛盾する命題に戻ってみる。なぜ、「千總は、友禅市場において第一位である」と、「千總は、友禅市場において第二位である」の文が同時に成り立つのか。答えは簡単である。友禅は、品質と価格によって異なる市場が存在しているのである。プレミアム商品である高級な友禅においては、誰もが認める千總。しかし、比較的安価な友禅の市場では、千總ではなくて、「京都きもの友禅」という、東京に本社を置く上場企業が大きな存在感を見せている（時価総額170億円／2010年1月）。

なお、量と質という要素を付加したマトリックス（図表10）でいうと、京都きもの友禅はチャレンジャー的な要素が強い。

それでは、千總は、ここで、京都きもの友禅に対して、次のうちのどの戦略を採るべきであろうか。

戦略①　低価格友禅市場への参入
戦略②　高価格友禅市場への特化
戦略③　中級価格友禅市場の強化

戦略④　まったく相手にしない
戦略⑤　千總ブランドの人々への訴求
戦略⑥　チャネル（流通）の改変

机上の企業戦略に絶対的な正解はあり得ないということを前提として話すが、まず、これらの戦略のなかで一番拙いのは、戦略①であろう。

低価格友禅市場への参入は、プレミアムブランドとしての千總の高い地位を自ら貶めることにつながりかねない。自ら墓穴を掘るに等しい行為ともいえる。ただし、若い独身女性向けの友禅振袖・入門篇として、別ブランドで比較的安価なシリーズを立ち上げる可能性を著者は否定しない。しかし、その場合は、トレードオフの要素なしには成り立ち得ず、どの部分を自然な形でトレードオフした商品企画を立ち上げうるか、ということが重要な要素となるだろう。

なお、戦略②③④⑤⑥は、実際に、千總が行ったり、示している態度である。

まず、戦略②は、特に注釈が必要である。最高価格帯（プレミアム品）は、千總ブランドにとって欠かすことができないため、今後も技術の維持に注力する必要があるが、プレミアム品だけに特化して、中級価格帯を捨て去ることは危険である。その意味で、戦略③

は必要な施策である。戦略④は、千總の経営者の心的態度の現状である。戦略⑤は、どのようなプロモーション手段を執行するかは別としても、必要な施策である。実際に、千總はさまざまなメディアを通じて、これを実行してきている。問題は、ターゲットを実需標的とプロスペクト（見込み）標的とに分けて、それぞれに適したメディアと訴求方法が実現できるか否かである。

戦略⑥に関しては、今まで千總が伝統的に超長期にわたって頼りとしてきたチャネルである百貨店（百貨店の出自の多くは呉服店である）が、呉服売り場の場所を奥へ片隅へ上方階へと追いやる施策を行ってきたが（著者は、百貨店はこの自らの施策により、自らの首を絞めていると感じている）、その結果、このチャネルは、未だに千總にとって最重要なチャネルではあるものの、未来永劫にわたって頼り切ることに対する不安感が出てきている。依然主幹となるチャネルである今のうちに、次のチャネルの種を芽吹かせておく必要が出てきた。千總は、それを、總屋で実現したのである。

千總の分析（5）【PEST分析】

次に、PEST（ペスト）分析によって、千總を分析する。

図表11　千總の三次元的PEST分析（時間要素の付加）

項目		過去・現在	未来
政治的要因（Political factors）	＋	奢侈品製造販売規制下における製造許可	伝統産業育成のための政治的諸施策、きものの着付けと折りたたみ方を小学校で巡回教育
	－	体制の変化、戦争、奢侈品製造販売制限規則、	増税
経済的要因（Economic factors）	＋	景気動向、バブル崩壊、きもの生産技術の海外移転	景気回復、海外企業とのデザインパテント提携
	－	不況、バブル崩壊、きもの生産技術の海外移転	二番底不況、グローバリゼーションの更なる進展
社会的要因（Sociological factors）	＋	テレビ番組などのメディアの影響による流行、醤油の海外受容	海外での日本古来の文化・商品（Samurai・茶道・日本茶・日本酒・和装デザイン）の見直しと流行
	－	生活スタイルの脱亜入欧、洋風化、米国化	きものに関心を持つ層の縮小、和装きもの文化の退縮
技術的要因（Technological factors）	＋	明治期における技術革新：型染め友禅の導入	印刷における技術革新：インクジェットなどの新型印刷技術、CAD（Computer Aided Design）
	－	低賃金の新興国への和装きもの生産技術の流出	新興国の和装きもの生産技術の向上と低価格競争品の品質向上

「PESTアナリシス」とは、難しそうな言葉だが、実に簡単な要因分析の手法である。PESTとは、ポリティカル、エコノミック、ソーシャル、テクノロジカルの頭文字で、政治的・経済的・社会的・技術的の4つの各要因を分析する。この4

つに、さらに、エンバラメンタル（自然環境的）とリーガル（法律的）が加わる場合があり、その場合は、「ＰＥＳＴＥＬ（ペステル）アナリシス」になる。

著者は、このＰＥＳＴ分析に、過去・現在・未来の時間要素を加えることで、三次元的ＰＥＳＴ分析とした。時間要素を加えて三次元的とすることで、未来予測をする場合の便利なツールとなる。未来は、現時点で予測できる方向性（望ましいトレンド・プラス要因と、リスク要因・マイナス要因）を書き加えていく。

このようにして三次元的ＰＥＳＴ分析を行った結果をまとめて図表11に示す。なお、図表11では、過去と現在を一括りにして簡略化してある。

図表11より、千總は、政治的にも、経済的にも、社会的にも、また技術的にも、きわめて大きな影響が自らのビジネスに波及してきていることがわかる。言うまでもなく、それは、おそらく、どの分野の企業でも同様であろうが、その政治・経済・社会・技術という各要素からの影響の重大さを理解把握する手段として、ＰＥＳＴ分析が有用であるということが、実際に分析してみるとよくわかる。また、分析してみて、どのような対策手段を考えていくべきかという方向性が大まかながらにも定まってくるということが、このＰＥＳＴ分析の大きな利点でもあろう。

千總の分析（6）【ＶＲＩＯ分析】

最後に、ＶＲＩＯ（ヴリオ）分析によって、千總の競争有意とその源泉を分析する。

企業の競争優位と利益の源泉を、業界構造という外部環境と競争ポジショニングであるとしたポーターの戦略論が有名であるが、これと対極的に、企業の経営資源やケイパビリティ（経営資源を活用できる能力）であるとしてバーニー（Barney, Jay B）が提唱した戦略論をリソース・ベースト・ビュー（ＲＢＶ）という。その代表的な分析フレームワークがＶＲＩＯフレームワークである。ＶＲＩＯとは、企業の内在価値を探る価値（Value）・稀少性（Rarity）・模倣困難性（Inimitability）・組織（Organization）という4つの要素のことであり、これらの4つの視点から企業を分析する。

ＶＲＩＯ分析が優れている点は、企業が競争に勝ち負けする主たる要因が、その企業が持つ資源・商品・サービスなどの価値の優劣であり、その価値の高さは稀少性に依拠し、その価値が模倣困難であれば、企業の競争力は永続するという事実を見抜いているということである。

千總に関するＶＲＩＯ分析を行った結果をまとめて図表12に示す。

まず、価値であるが、京友禅は、日本の伝統文化の一翼を担う最高の価値を有している。

図表12　千總のVRIO分析

企業の資源	分析
価値（Value）	日本の伝統文化の一翼を担う最高の価値を有する
稀少性（Rarity）	プレミアム品の友禅は、実に稀少
模倣困難性（Inimitability）	高度な技術は模倣が非常に困難。プレミアム品の高度な品質を実現する千總と代々関係を持つ職人集団も模倣は非常に困難。450年以上の歴史は、模倣は絶対不可能。皇室御用達の伝統と信用・信頼も模倣は極めて困難。ただし、千總の友禅の優れた図案は、その意匠だけというところをとれば、模倣することは比較的容易で、事実過去にも模倣されてきた。図案の仕上がりを支える品質は別として、デザイン自体は模倣が容易な要素である。
組織（Organization）	千總と代々深い関係を持ち続けてきた職方《しょくかた》は、千總の組織にとってかけがえのない基幹的要素である。

稀少性については、プレミアム品の友禅と生産に関わる職人を経営資源として現在コントロールしているのは、千總ならではである。

模倣困難性については、複雑多岐にわたる工程の職人たちの技は非常に高度であり、長い伝統に裏付けられたものであるために模倣は困難である。つまり、こうした経営資源を保有していない企業は、その経営資源を獲得あるいは開発する際にコスト上の不利に直面する。

組織については、千總と代々深い関係を持つ職方は、千總にとって、かけがえのない組織であるということがいえる。

以上のように、VRIO分析を行うことによって、千總は継続的競争優位を保つための4つの要因がすべて揃っていることがわかる。したがって、千總がなぜ450年以上も永続してきたのかという、企業存続の源泉を明察することができた。

おわりに

本書では、450年以上という、とてつもなく長い歴史を持つ企業「千總」を取り上げ、その秘密が、実は、イノベーションに対する真摯な取組みの連続にあるということを述べてきた。

さて、ここまで、実は述べてこなかったことがある。それは、「イノベーション」とは、いったい何なのかということである。

「イノベーション」という言葉は、「技術革新」という一言で訳されることが多い。しかし、「イノベーションとはいったいどういうことなのか、定義してください」と問うと、たとえば、百人いたら、百人百様の答えが返ってくることが多い。というよりも、何と説明したらよいのか、答えに窮する人も多いのである。そういう人は、いろいろと考えあぐねた挙句に、「イノベーションといったら、イノベーションでしょ」と言ったりもする。

つまり、その人の頭のなかには「イノベーション」という強烈なイメージが存在しているのであるが、改めてそれを定義せよと言われると、とたんに曖昧模糊とした混沌が、巨大なブラックホールのように脳のなかに広がるのである。

著者は、イノベーションについて、これほど定義が難しいものはないと考えてきた。そして、その定義を敢えて避けるが如くに、「イノベーションとは、インベンションの上に位置するもの」などという自分なりの定義を嘯いてきたのである。

しかし、本書におけるインタビューのなかで、十五代西村總左衛門氏の口から、とても興味深い言葉が飛び出していた。その発言を振り返ってみるに、その言葉と、イノベーションとの関係が実に深いのではなかろうかという思いが、今しきりにしている。

その発言とは、家訓があるのかどうかを訊いたことに対する応答であった（インタビュー（2）法衣から友禅へ）。西村氏は、こう述べている。

「家訓って、ないんです。昔から言われてんのは、【三方《さんぽう》よし】とか、【開物成務《かいぶつせいむ》】とか、そういう言葉はありますけども。家訓としてはないんですよ」

つまり、千總独自でつくったような「家訓」としてはないものの、言われ続ける言葉はある。それは、「三方よし」、そして、「開物成務」だというのである。

「三方よし」とは、一説には、京都の隣の近江の商人の哲学を表す言葉で、「売り手よし、買い手よし、世間よし」のことだという。つまり、セラーとバイヤーと社会一般の三者が、そのビジネスによって恩恵に与り、どこも悪いことを蒙るようなところがないようにするという精神を表しているのである。今にして思えば、相次ぐ会計不祥事やコンプライアンスの欠如などを防止するため、米国のサーベンス・オクスリー法（SOX法）に続き、日本でも日本版SOX法が喧伝されてきているが、コンプライアンスなどと言わなくても、企業自身に「三方よし」の精神があったならば、そもそも不祥事などは起きようはずがないではないか。公害問題さえも、そもそも起きなかったはずなのである。

次に、「開物成務」とはいったい何か。この言葉は、そもそも、中国古代王朝・周代（紀元前1050頃～前256）の占いの書である『易経《えききょう》』から来ている言葉らしい。『易経』は、陰と陽を6つずつ組み合わせた六四卦《け》によって自然や人生の変化の法則を説いた本である。しかも、高橋是清が初代校長で、東京大学への進学率の高さで有名な開成学園・開成高等学校の「開成」という言葉は、「開物成務」を縮めた言葉なのだという。

ここで「開物成務」の意味を記す。『新明解四字熟語辞典』（三省堂刊）によれば、「万物を開発してあらゆる事業を完成させること。また、人々の知識を開いて世の中の事業を成就させること。人間や禽獣に至るまで、閉じふさがり通じないものを開き、それぞれの事物の当然の職務や事業を成就し完遂させる」ことだという。「開物成務」は、「物を開き務めを成す」と訓読する。

これを読んで、著者は「あっ！」とばかりに感嘆したのである。これこそが、「イノベーション」という言葉に探し求めていた適切な定義そのものなのではないかと。

著者は、この言葉に、千總450年以上の永続の秘密を間近に見た思いがしたのであった。

最終章の「千總の分析（6）【VRIO分析】」の項で述べたように、千總の「企業の資源」には、模倣できる（imitable）ものと模倣することが困難な（inimitable）ものとがある。しかし、次のことだけは断言できる。ありとあらゆる業種の、千總とはまったく異なる分野の企業であっても、千總の真似をすべきものがあるとすれば、この「開物成務」という精神であろう。それは、一朝一夕には真似できないものかもしれず、その意味では「模倣困難性」が高いものかもしれない。しかし、模倣不可能なものであるということでは決してない。そして、明日からそれを真似しようと努めなければ、永遠に真似することが叶わないものなのかもしれない。

〈参考資料〉京友禅について

1　京友禅とは

○伝統的工芸品とは

１９７４（昭和49）年に、全国各地の伝統産業を守り育てていこうと「伝統的工芸品産業の振興に関する法律」（伝産法）が制定された。現在、京都には、この伝産法に基づいて国から指定されている「西陣織《にしじんおり》」や「京友禅《きょうゆうぜん》」など17品目の伝統的工芸品がある。

○西陣織と京友禅

京都の伝統産業を代表する「西陣織」。先に染めた糸を使って模様を織り出す織物（先《さき》染《ぞめ》の紋織物《もんおりもの》）のことで、その技術は世界最高といわれている。西陣織の歴史は古く、今から約１２００年前の平安京に設けられた織部司《おりべのつかさ》（朝廷の織物を作る役所）がもととなっている。

西陣織とならんで京都の伝統産業を代表するのが「京友禅」である。「友禅」とは模様染めのことである。布を染める技法は古くからあったが、京都で友禅染《ゆうぜんぞめ》と呼ばれる模様染めが広がったのは江戸時代に入ってからである。

○京友禅の歴史

江戸時代の中頃、宮崎友禅《みやざきゆうぜん》（友禅斎《ゆうぜんさい》）という扇絵師《おうぎえし》が模様染めをデザインしたのが友禅染のはじまりだといわれている。「友禅染」という名称はこの友禅から名付けられた。

江戸時代の友禅染は、現在の「手描友禅《てがきゆうぜん》」の基本となっており、白い生地に下絵を描いて糊（防染糊《ぼうせんのり》）を置き、模様を染め分けていく。明治時代になると型紙を使って大量に染めることができる「写し友禅」が完成された。これと「摺《す》り友禅」が現在の「型《かた》友禅」で、これにより大量生産が可能になり、友禅染は一般に広まった。

○多くの人々の手を通る京友禅

現在では、「手描友禅」と「型友禅」を併せて京友禅と呼んでいるが、これらはすべて高い技術を持った職人の手作業によるもので、一枚の白生地から友禅が出来上がるまでには多くの工程を必要とする。

図表 13　京友禅の生産量の推移

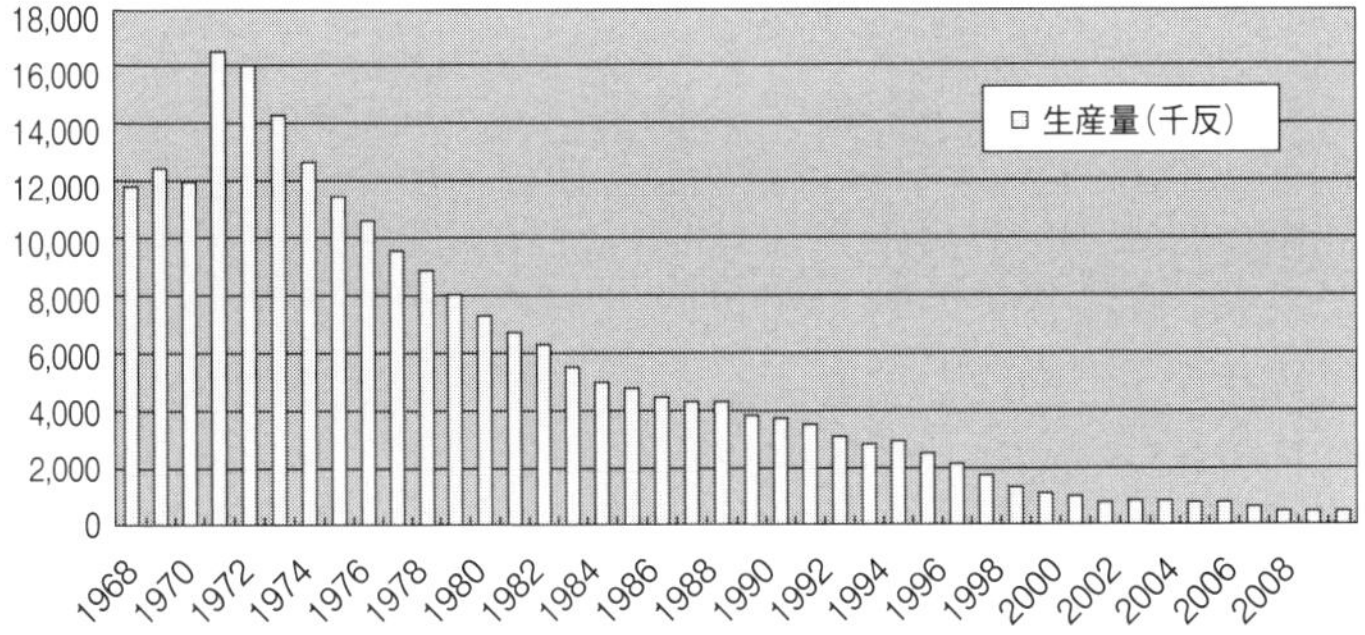

出典：『京友禅京小紋生産量調査報告書　平成21年度分』、京友禅協同組合連合会、2010年

これらの工程は分業になっていて、京都にはたくさんの専門職人がいる。この分業体制が高い技術を伝え、よい製品づくりを受け継いでいる。

2　京友禅の現状

○京友禅の生産量

京友禅協同組合連合会の調査による京友禅の生産量の推移を**図表13**に示す。

図表13からわかるように、2009（平成21）年度における京友禅（京小紋を含む）の総生産量は552641反であり、前年（2008年度）の618573反に対して89・3％であり、前年比10・7％の減少となった。1971（昭和46）年の1652468４反をピークに1972（昭和47）年以降は毎年減少を続けている。2009（平成21）年度はピーク時のわずか約3・34％

図表14　京友禅の出荷額、事業所数、従事者数の推移

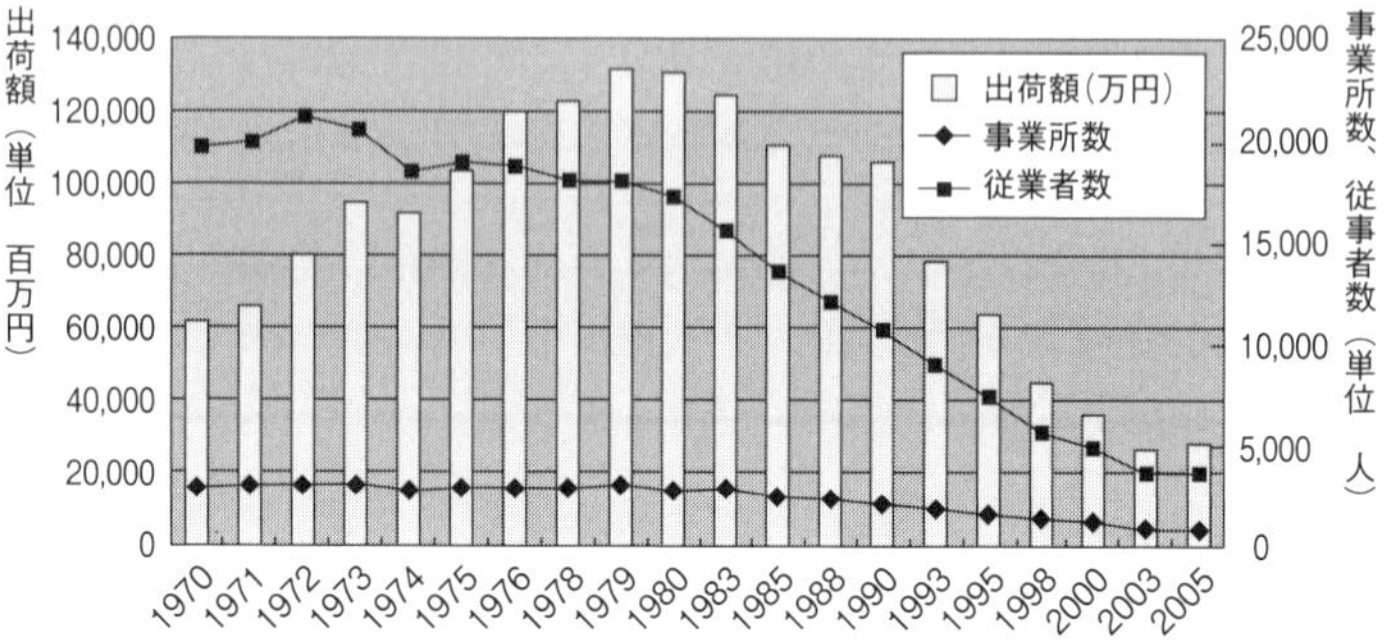

出典：『京都市の工業』、京都市、2006年

（約30分の1）である。10年前の１９８８（平成10）年度と比較しても、約４７・０％と半分以下に落ち込むに至っており、環境は一段と悪くなっている。

ただし、このデータは京友禅協同組合員企業の生産量を集計しているため、非組合員企業の分が集計されておらず、実際にはもう少し多目である可能性がある。

○京友禅の出荷額、事業所数、従事者数

一方、少し古い統計であるが、京都市の工業統計調査による京友禅の出荷額、事業所数、従事者数の推移を図表14に示す。

すなわち、京友禅の出荷額は、１９７９（昭和54）年の１３１８億円をピークとして減少が続いている。２００５（平成17）年には２８４億円に

まで減少しており、これはピーク時の約21・6％である。10年前の1995（平成7）年と比較しても、約44・5％と半分以下に落ち込むに至っている。

また、京友禅の事業所数は、1972（昭和47）年の2988事業所をピークとして減少が続いている。2005（平成17）年には900事業所にまで減少しており、これはピーク時の約30・1％である。10年前の1995（平成7）年と比較しても、約55・9％と半分近くに落ち込むに至っている。さらに、京友禅の従事者数は、やはり1972（昭和47）年の21089人をピークとして減少が続いている。2005（平成17）年には3653人にまで減少しており、これはピーク時の約17・3％である。10年前の1995（平成7）年と比較しても、約49・2％と半減している。

ただし、このデータは京都市の工業統計調査であるため、京都市以外の事業所が対象になっておらず、実際にはもう少し多目である可能性がある。

○京友禅の企業数、従事者数、生産額

これも、少し古い統計であるが、（財）伝統的工芸品産業振興協会による京友禅（京小紋を含む）の企業数、従事者数、生産額を**図表15**に示す。

図表15　京友禅（京小紋を含む）の企業数、従事者数、生産額

	2003（平成15）年	2006（平成18）年
企業総数	964（京小紋を含む）	846（京小紋を含む）
従事者総数	9,676人（京小紋を含む）	5,164人（京小紋を含む）
年生産総額	32,583百万円（京小紋を含む）	28,575百万円（京小紋を含む）

出典：(財）伝統的工芸品産業振興協会編『全国伝統的工芸品総覧』、ぎょうせい、2004年、2007年

以上のように、いずれの統計によっても、現状および今後の展望においても厳しい環境が予測される状態におかれている。

当業界は、制定36年を経た「伝統的工芸品産業の振興に関する法律」にもとづく京友禅、京小紋の指定産地として、伝統的な技術・技法による振興を期して産業振興のための事業を進めるとともに、新技術の研究開発および新商品・新分野の開発研究をはじめ、業界挙げてより真剣に取り組み推進することが強く要請されている。

参考資料　出典
『わたしたちの伝統産業―１２００年の京が育んだ手づくりの文化とこころ―』、京都市産業観光局・京都市教育委員会、２００９年
『京友禅京小紋生産量調査報告書　平成21年度分』、京友禅協同組合連合会、２０１０年
『京都市の工業』、京都市、２００６年
(財）伝統的工芸品産業振興協会編『全国伝統的工芸品総覧』、ぎょうせい、２００４年、および２００７年

あとがき

本書で述べさせていただいた研究によって、千總は、マーケットセグメントとターゲットを時に変えて企業価値の向上を図りつつも、常に顧客の経験価値の最大化を求めてきているることが明らかになった。企業は常に利益の拡大に目が向きがちで、それ自体は正しいことであるのだが、問題は、そのことに注力するあまりに、顧客の立場よりも企業の立場を優先してしまいがちになることである。千總は、常に顧客の立場と職方（職人さん）などの協力者の立場と自社の立場のそれぞれの目線をバランスさせることを忘れなかった。なかでも特に重視したのが、顧客の目線という観点であり、顧客目線を重んじることがそのまま自社の姿勢となる企業文化を形作ってきたともいえる。

本研究は、株式会社千總の協力なくしてはまったく成し得なかった研究であり、株式会社千總に対して、心底よりの感謝を申し上げたい。なかでも、十五代　西村總左衛門・取締役社長をはじめ、仲田保司・常務取締役、礒本延・取締役のお三方には、長時間にわたる取材をお受けいただいたうえに飾らぬ本音を語っていただき、まことに感謝にたえない。

また今回、「一見《いちげん》さんお断り」の気風がときにいわれる京都のなかでも一段と格式高い千總さんに、研究目的とはいえ、果たして取材をお受け頂けるものかどうかという不安は現実に存在した。しかし、450年を越える歴史を持つ老舗中の老舗千總さんに取材をこころよくお受けいただけたのは、そもそもまず、千總さんと私たちとのおつなぎをしていただいた、日本橋の呉服商「一ノ糸」の宮本高志氏と、さらにはその前に「一ノ糸」を紹介いただいた、きもの着付研究家の石川満子氏というご縁があったことをここに書き添え、両氏にも心よりの感謝を申し上げたい。

京友禅についての参考資料は、京都商工会議所前会員部長　佐藤重紀氏ならびに会員部長　町田徳男氏、京友禅協同組合連合会　嶋田さち子氏、京都友禅協同組合業務企画課課長　冨士原洋之氏に提供いただいた。また、株式会社ヨウジヤマモト取締役会長　辺見芳弘氏ならびに社長室長　山崎壮氏には写真提供を賜った。心より感謝を申し上げたい。

また、出版社である同友館の鈴木良二部長には、本研究の社会的意義を理解いただき、そのご苦労の多い編集作業にご尽力をいただいた。心からの御礼を申し上げたい。

長沢　伸也　　石川　雅一

参考文献

・東聖観『文様を尋ねて ～文様とは、模様とは～』（日本繊維新聞社、1996）
・安西千恵子編『きもの教本』（財団法人民族衣裳文化普及協会、1989）
・飯倉晴武『日本人　数のしきたり』（青春出版社、2007）
・井筒雅風『日本女性服飾史』（光琳社出版、1986）
・猪熊兼繁『古代の服飾』（至文堂、1962）
・岩上力『京の儀式作法書』（光村推古書院、2002）
・岩本真利『結納・結婚のしきたり』（西東社、2007）
・上原厳編『本式・略式　冠婚葬祭』（主婦の友社、1976）
・恩蔵直人『コモディティ化市場のマーケティング論理』（有斐閣、2007）
・金沢康隆『江戸服飾史』（青蛙房、1962）
・金丸晃子編『和のＷＥＤＤＩＮＧ』（芸文社、2007）
・鏑木香緒里編『きものの基本　一問一答』（辰巳出版、2007）
・北村哲郎『日本服飾小辞典』（源流社、1988）
・木村孝監修『きもの用語事典』（婦人画報社、1990）

・京都国立博物館編『花洛のモード　～きものの時代～』（京都国立博物館、1999）
・京都国立博物館編『日本の染織　～技と美～』（京都書院、1987）
・京都文化博物館学芸課『京の優雅　～小袖と屏風～』（毎日新聞社、2005）
・切畑健編『日本の女性風俗史』（京都書院、1997）
・Christensen, C. M. (2003), *The Innovator's Solution* (Harvard Business School Press, 2003)（玉田俊平太・櫻井祐子訳［2003］『イノベーションへの解』翔泳社）
・Christensen, C. M. (1997), *The Innovator's Dillemma*, Harvard Business School Press.（玉田俊平太・伊豆原弓訳［2001］『イノベーションのジレンマ』翔泳社）
・Christensen, C. M. (2004), *Seeing What's Next*, Harvard Business School Press.（宮本喜一訳［2005］『明日は誰のものか　イノベーションの最終解』ランダムハウス講談社）
・Clayton, G. E. and M. G. Giesbrecht (2004), A Guide to Everyday Economic Statistics, McGraw Hill.（長濱利廣解説・山田郁夫訳［2008］『アメリカ経済がわかる経済指標の読み方』マグロウヒル・エデュケーション）
・講談社編『フォーマルウエア事典』（講談社、1983）
・Collis, D. J., and C. A. Mongomery (1998), *Corporate Strategy : A Resource−Based Approach*, McGraw−Hill.（根来龍之・蛭田啓・久保亮一訳［2004］『資源ベースの経営戦略論』東洋経済新報社）
・齋藤嘉則『戦略シナリオ　思考と技術』（東洋経済新報社、1998）
・笹島寿美『きものの口伝　帯のはなし　結びのはなし』（世界文化社、2003）

・佐藤博樹・藤村博之・八代充史『新しい人事労務管理』（有斐閣、1999）

・佐藤紘光・飯泉清・齋藤正章『株主価値を高めるEVA経営』（中央経済社、2001）

・佐藤敏昭『いまさら人に聞けない「有価証券報告書」の読み解き方』（セルバ出版、2005）

・佐野良夫『顧客満足の実際』（日本経済新聞社、1996）

・塩月弥栄子『塩月弥栄子の冠婚葬祭事典』（講談社、1987）

・島崎皖『ウェディングプロデュース』（山川印刷所、2003）

・島崎皖『This is Wedding　～ふたりのテーマをカタチに～』（ごま書房、1997）

・篠原洋一『礼装のしきたり事典』（婦人画報社、1979）

・Zook, C. (2007) *Unstoppable：Finding Hidden Assets to Renew the Core and Fuel Profitable Growth.* Bain & Company.（山本真司・牧岡宏訳［2008］『コア事業進化論　成長が終わらない企業の条件』ダイヤモンド社）

・Stefik, M., and B. Stefik (2004), *Breakthrough：Stories and Strategies of Radical Innovation*, The MIT Press.（鈴木浩監訳・岡美幸・永田宇征訳［2006］『ブレイクスルー：イノベーションの原理と戦略』オーム社）

・Stiglitz, J. E. (2006), *Making Globalization Work*, W. W. Norton.（楡井浩一訳［2006］『世界に格差をバラ撒いたグローバリズムを正す』徳間書店）

・Stiglitz, J. E. (2003), *The Roaring Nineties*, W. W. Norton & Company.（鈴木主税訳［2003］『人間が幸福になる経済とは何か　世界が90年代の失敗から学んだこと』徳間書店）

・Stiglitz, J. E. (2008), *The Three Trillion Dollar War*, W. W. Norton. （楡井浩一訳［2008］『世界を不幸にするアメリカの戦争経済』 徳間書店）
・Stokes, D. E. (1997), *Pasteurs Quadrant : Basic Science and Technological Innovation*, Brookings Institution Press.
・鈴木一功『企業価値評価　実践編』（ダイヤモンド社、2004）
・鈴村興太郎・後藤玲子『アマルティア・セン　経済学と倫理学』（実教出版、2001）
・Slywotzly, A. (2002), *The Art of Profitability*, Business Plus. （中川治子訳［2002］『ザ・プロフィット』 ダイヤモンド社）
・世界文化社編『きもの用語の基本』（世界文化社、2008）
・Sebenius, J. K. (2002) "The Hidden Challenge of Cross−Border Negotiations", *Harvard Business Review*, March 2002, pp. 76–85.
・全日本きもの振興会編『きものの基本』（アシェット婦人画報社、2008）
・全日本きもの振興会編『きもののたのしみ』（アシェット婦人画報社、2008）
・滝沢静江『着物の織りと染めがわかる事典』（日本実業出版社、2007）
・Davenport, T. H. and R. J. Thomas, S. Cantrell (2002), "The Mysterious Art and Science of Knowledge−Worker Performance", *MIT Sloan management review*, Vol. 44, 2002, pp. 23–30
・Davila, T., Epstein, M. J., Shelton, R. (2006), *Making Innovation Work : How to Manage It, Measure It, and Profit from It*, Wharton School Publishing.

・徳谷昌勇『リスクマネジャー　攻めの経営学』(東洋経済新報社、1983)
・長崎巌『日本の美術　小袖からきものへ』(至文堂、2002)
・長沢伸也・岩谷昌樹編著・佐藤典司・岩倉信弥・中西元男『デザインマネジメント入門』(京都新聞出版センター、2003)
・長沢伸也編著『生きた技術経営　ＭＯＴ』(日科技連、2004)
・長沢伸也編『感性商品開発の実践』(日本出版サービス、2003)
・長沢伸也編『感性をめぐる商品開発』(日本出版サービス、2002)
・長沢伸也編著・藤原　亨・山本典弘『経験価値ものづくり』(日科技連、2007)
・長沢伸也・木野龍太郎『日産らしさ、ホンダらしさ』(同友館、2004)
・長沢伸也『ブランド帝国の素顔』(日本経済新聞社、2002)
・長沢伸也・榎新二『プロダクト・イノベーション』(晃洋書房、2006)
・長沢伸也編著『老舗ブランド企業の経験価値創造』(同友館、2006)
・長沢伸也編著『ルイ・ヴィトンの法則　最強のブランド戦略』(東洋経済新報社、2007)
・永島信子『日本衣服史』(芸艸堂、1933)
・西片尚樹『HANAYOME』(主婦と生活社、2008)
・西村昌子『京都、女の辛抱　京友禅四五〇年　美しきものを受け継ぐ』(幻冬舎、2008)
・野中郁次郎・戸部良一・鎌田伸一・寺本義也・杉之尾宜生・村井友秀『戦略の本質』(日本経済新聞社、2005)

・野村正治郎編『誰が袖百種』（芸艸堂、1919）
・Pine, B. J., and J. H. Gilmore (1999) *The Experience Economy*, Strategic Horizons LLP.（岡本慶一・小高尚子訳［2005］『経験経済　脱コモディティ化のマーケティング戦略』ダイヤモンド社）
・Porter, M. E. (1980), *Competitive Strategy*, Free Press.
・Porter, M. E. (1998), *On Competition*, Harvard Business School Press.（竹内弘高訳［1999］『戦略論　Ⅰ・Ⅱ』ダイヤモンド社）
・博愛教育研究所編『きもの教本』（財団法人民族衣裳文化普及協会、1989）
・馬場一郎編『別冊太陽　婚礼』（平凡社、1975）
・深尾恭子編『365日のおつきあいと冠婚葬祭百科』（主婦の友社、1981）
・Polanyi, M. (1967) *The Tacit Dimension*, Doubleday & Company.（高橋勇夫訳［2003］『暗黙知の次元』筑摩書房）
・山名邦和『日本衣服文化史要説』（関西衣生活研究会、1983）
・山辺知行監修『時代衣裳の源流を今に…　古今小袖』（市田株式会社、発行年不詳）
・山辺知行監修『田中本家伝来の婚礼衣裳』（光琳社、1998）
・山辺知行監修『昔きもの「美の歳時記」展』（日本経済新聞社、2002）
・山本尚利『ナレッジマネジメントによる技術経営』（同友館、2001）
・山本洋子『日本の服飾文化史』（京都きもの専門学院、1996）

・湯原公浩編『明治・大正・昭和 ～昔きものを楽しむ その II』（平凡社、2000）

・吉岡幸雄『日本の色辞典』（紫紅社、2000）

・吉田光邦『日本の伝統工芸 京都 I』（講談社、1976）

・Rabe, C. B. (2006), *The Innovation Killer: How What We Know Limits What We Can Imagine And What Smart Companies Are Doing About It*, AMACOM / American Management Association. Rath, T. (2007), *Strength Finder (2.0)*, Gallup Press. Raynor, M. E. (2007), *The Strategy Paradox*, Currency Doubleday.（櫻井祐子訳・松下芳生・高橋淳一監修［2008］『戦略のパラドックス』翔泳社）

・Rhodes, E. and D. Wield (1985), *Implementing New Technologies*, Blackwell.

・Robbins, S. P. (1984), *Essentials of Organizational Behavior*, Prentice Hall.（高木晴夫 監訳［1997］『組織行動のマネジメント』ダイヤモンド社）

・Robert, M. (1995), *Product Innovation Strategy*, McGraw-Hill, Inc.

・Robert, M. and Weiss, A. (1998), *The Innovation Formula*, Harper & Row.

・Rosenthal, D., and L. G. Brown (2000), *Cased in Strategic Marketing*, Prentice Hall.

・Wilie, J. C. (1989) *Military Strategy: A General Theory of Power Control*, US Naval Institute Press.（奥山真司訳［2007］『戦略論の原点～軍事戦略入門～』芙蓉書房出版）

・Barney, Jay B. (2002), Gaining and Sustaining Competitive Advantage, Second Edition, Pearson Education.（岡田正大訳［2003］『企業戦略論【上】基本編 競争優位の構築と持続』ダイヤモンド社）

石川　雅一（いしかわ　まさかず）

1957年、東京生まれ。

日本大学芸術学部放送学科中退。早稲田大学社会科学部卒。ＭＢＡ（早稲田大学）。

早大社会科学部在学中に朝日新聞社論文コンクール入選。外務省・日本商工会議所論文コンクール入選。

1982年、ＮＨＫ（日本放送協会）に取材職として入局。記者・報道カメラマン。松山局、高知局、東京報道局、アメリカ総局・ニューヨーク特派員、京都局を歴任。鰹漁場海洋漁業調査船同乗取材、日航機墜落御巣鷹山山頂現場取材、ネパール反パンチャヤト大暴動、アフガニスタン内戦、カシミール内戦、湾岸戦争による環境破壊、ラジブ・ガンディー元首相暗殺、インド総選挙、ミャンマーのアウンサン・スーチー幽閉、国連安全保障理事会、米国核廃棄物大深度地下貯蔵庫、中国江沢民総書記米国ボーイング社訪問同行取材、ＮＡＳＡ宇宙開発、毛利衛宇宙飛行士とスペースシャトル訓練機同乗取材、ロスアラモス研究所と米国軍事研究開発、米海軍強襲揚陸艦キアサージュ同乗取材、イージス艦みょうこう同乗取材、米加漁業紛争、地球温暖化会議等を取材。『特報首都圏』の番組リポーターも担当。京都放送局では、京都の歴史文化、京都の先端技術産業シリーズも企画、取材・リポート。

国際協力機構専門家としてアジア太平洋放送開発機構講師を重任し、アジア各国の放送局ジャーナリストを育成。1995年、日刊工業新聞社論文コンクール入選。2001年、ＮＨＫ退局。2009年、早稲田大学大学院商学研究科専門職学位課程をディーンズリスト（学長賞）を受賞して修了。

日本テクニカルアナリスト協会検定会員。CFTe(Certified Financial Technician）として、ダイヤモンド社『株データブック全銘柄版』で日本の上場全企業約4000社株式のテクニカル分析を一人で担当（３季)。美容師国家資格(コーセー学園東京ヘアメイク専門学校卒)、コーセー学園評議員。都内数カ所の美容院（日暮里、駒込、王子地区等）を経営し、ホテルでのブライダル・メイクアップ事業も手がけている。

著書に、『写真詞華集・光芒の大地』(鳥影社、1997年)。

■著者略歴

長沢　伸也（ながさわ　しんや）

1955年　新潟市生まれ。
早稲田大学ビジネススクール（大学院商学研究科ビジネス専攻）教授。工学博士（早稲田大学）。専門はデザイン&ブランド・イノベーション・マネジメント論、感性工学、環境ビジネス。日本感性工学会（参与・前副会長、感性商品研究部会最高顧問）、商品開発・管理学会（前理事）などの会員。

2001年度日経品質管理文献賞受賞。2002年度日本感性工学会出版賞受賞。2003年度日本感性工学会論文賞受賞。Best Paper EcoDesign 2003 Award受賞。2005、2006、2007、2009各年度日本感性工学会出版賞受賞。

著書・編著・共著は75冊もの多数に上り、日本のみならず世界各国語でも翻訳出版されており、熱烈な長沢ファンが各地に存在する。主な著書として、『戦略的デザインマネジメント—デザインによるブランド価値創造とイノベーション—』（共著、同友館、2010年）、『シャネルの戦略—究極のラグジュアリーブランドに見る技術経営—』（編著、東洋経済新報社、2010年。韓国語訳も出版予定）、『それでも強い　ルイ・ヴィトンの秘密』（単著、講談社、2009年）、『デザインマインドマネジャー—盛田昭夫のデザイン参謀、黒木靖夫—』（編者、日本出版サービス、2009年）、『地場・伝統産業のプレミアムブランド戦略—経験価値を生む技術経営—』（編著、同友館、2009年）、『老舗ブランド「虎屋」の伝統と革新—経験価値創造と技術経営—』（共著、晃洋書房、2007年）、『ルイ・ヴィトンの法則—最強のブランド戦略—』（編著、東洋経済新報社、2007年。韓国語訳・タイ語訳も出版）、『経験価値創造によるものづくり経営—ブランド価値とヒットを生む「こと」づくり—』（編著、日科技連出版社、2007年）、『老舗ブランド企業の経験価値創造—顧客との出会いのデザインマネジメント—』（共著、同友館、2006年。中国語訳も出版）、『日産らしさ、ホンダらしさ—製品開発を担うプロダクト・マネジャーたち—』（共著、同友館、2004年）、『ブランド帝国の素顔ＬＶＭＨモエ ヘネシー・ルイ ヴィトン』（単著、日本経済新聞社、2002年。中国語訳も出版）、など。

2010年10月10日　第1刷発行

京友禅「千總」 450年のブランド・イノベーション

©著　者　長沢　伸也
　　　　　石川　雅一
発行者　脇坂　康弘

発行所　株式会社　同友館
東京都文京区本郷 6-16-2
郵便番号　113-0033
電話　03(3813)3966
FAX　03(3818)2774
http://www.doyukan.co.jp/

落丁・乱丁本はお取替え致します。　藤原印刷／松村製本所
ISBN 978-4-496-04714-5　Printed in Japan